ネコ・かわいい殺し屋

生態系への影響を科学する

ピーター・P・マラ＋クリス・サンテラ［著］
岡 奈理子＋山田文雄＋塩野﨑和美＋石井信夫［訳］

築地書館

私を励まし思いやってくれる妻アンと、輝く自然のなかで経験を積み理解を重ねていってくれるだろう二人の子ども、アリーンとゲイブと、あらゆる動物を慈しみあまりに早く旅立っていった兄マイケルに、本書を捧げる。

――ピーター・P・マラ

いつも私を支えてくれる妻デイトルと……娘たちキャシディとアナベルに本書を捧げる。彼らが大人になっても生物の多様な世界を見出せることを願いつつ。

――クリス・サンテラ

CAT WARS
The Devastating Consequences of a Cuddly Killer
by Peter P. Marra and Chris Santella

Japanese translation published by arrangement
with Peter P. Marra and Chris Santella
c/o Levine Greenberg Rostan Literary Agency
through The English Agenvy (Japan) Ltd.

Published in Japan by Tsukiji-Shokan Publishing co.,Ltd.Tokyo

目次

第1章　イエネコによる絶滅の記録

第2章　イエネコの誕生と北米大陸での脅威

第3章 愛鳥家と愛猫家の闘い

第4章 ネコによる大量捕殺の実態

第5章 深刻な病気を媒介するネコ――人獣共通感染症

第6章　駆除vs愛護――何を目標としているのか

第7章　TNRは好まれるが、何も解決しない

第1章　イエネコによる絶滅の記録

どんなにネコ同士が喧嘩していようが、子ネコはいつも溢れ返っている。
エイブラハム・リンカーン

ナチュラリストの灯台守

ニュージーランドの南島北東部のマールボロ・サウンズで、マオリの空に向かってそびえ立つスティーブンス島（図1-1）。この小島は最寄りの島から約三キロ、首都ウェリントンからは約九〇キロ離れた面積約一・五平方キロ、最高点が海抜約三〇〇メートルのやや細長い形の島である。この海域に点在するほかの島々と同じように、スティーブンス島も南極大陸から絶えず吹きつける強い南東風の影響を受けて、植物は丈が低くがっしりとし、植生のなかに容易に人は踏み込めない。島の歴史を記した文書によると、渡島は危険が伴うため、海岸に上陸する人もほとんどいなかった。そのため島はほぼ原始の状態を保ち、数百万年にもわたり人類の影響を受けてこなかった。かつてマオリ族がスティーブンス島を訪れたとしても、その痕跡はなかった。

イギリス人がこの島の探査を始めたのは一八七〇年代のことで、島近くの海峡の安全航行を確保する必要から、ニュージーランド海運局が灯台の設置を望んだためだった。ニュージーランドでは一八〇〇年代半ばに船の難破による遭難事故が大きなものだけでも三件起こり、数百人の生命が失われた。このため灯台建設は、最優先課題となっていたのだった。

一八九〇年代初頭までにスティーブンス島に灯台と数軒の質素な家が建てられ、やがて三人の灯台守が家族を連れて移り住んだ。人とのふれあいもほとんどない生活を癒すために、灯台守たちはこの辺境の島にしばしばネコを伴った。これから述べるように、おそらくティブルスという名の一頭のネコも、スティーブンス島に連れてこられ、自由にうろつくままにされたのだった。

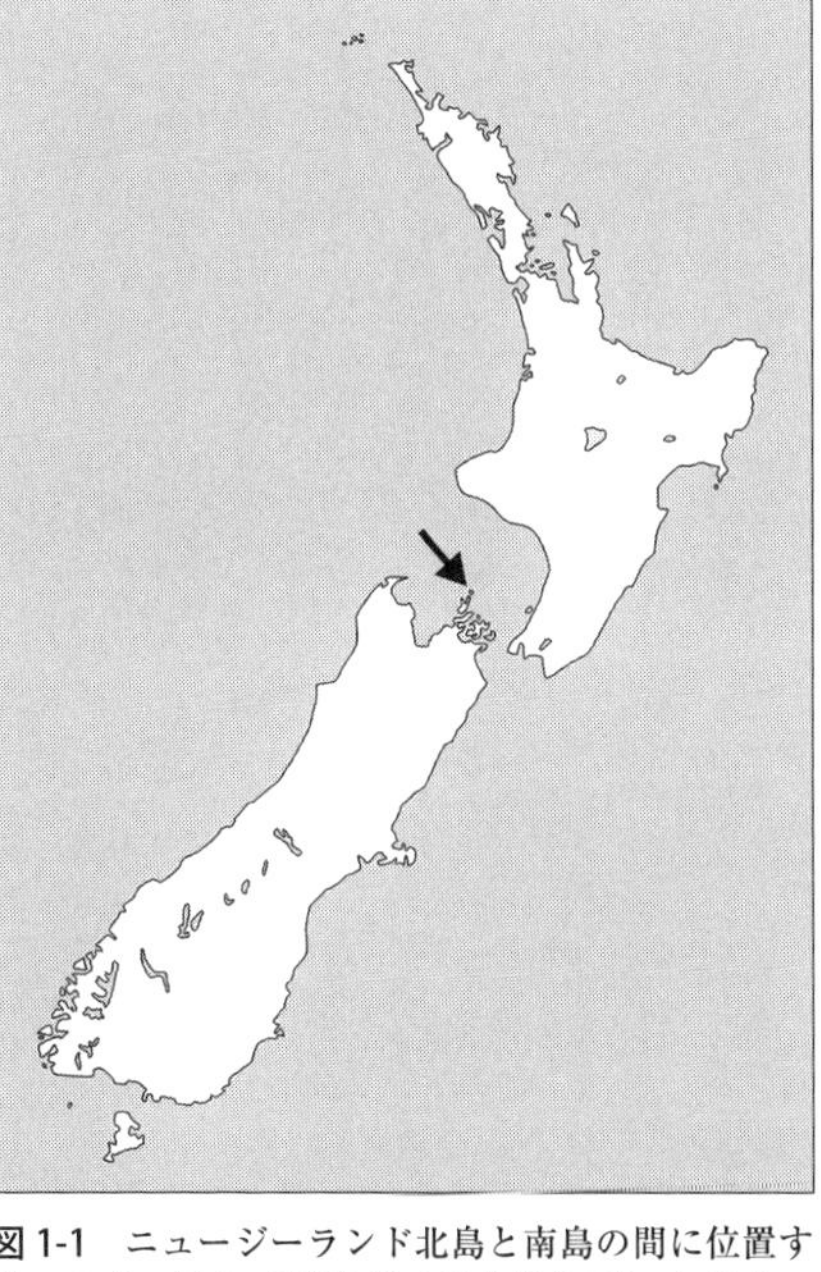

図 1-1　ニュージーランド北島と南島の間に位置する、スチーフンイワサザイの生息していたスティーブンス島

デビッド・ライアルは、孤独でいることを愛した。博学で健康で几帳面な性格だった。島での職務で何よりも重要なのは、パラフィンランタンの燃焼をうまく保つことだった。ライアルは、海運局の灯台守を手助けするという新しい仕事に、慎重になりながらも期待で心が震えていた。

やがて一八九四年一月、彼はこの辺境の地で働く一七人の一人になる決意をした。

当時の灯台守の仕事はそう簡単なものではなかった。主な仕事は、明るく澄んだ灯を絶やさず燃やし続けることに尽きたが、煙を減らして炎を最も明るくするには、芯を絶えず刈り込む必要があった。多くの船乗りの命が灯台守の手に握られていた。漆黒の夜には、島に近い岩礁――つが木造船の腹をほんの数秒で切り裂き、船乗りたちにほぼ確実に死をもたらした。当時、多くの船乗りは泳ぎを知らず、皮肉にも水を、特にニュージーランド南部の島々を包む亜南極の冷たい海水を忌み嫌っていた。

灯台守であるための課題は忍耐だった――悪天候、閉ざされた狭い社会、新鮮な食料の不足、それにも増して外界からの隔絶に耐え抜く力が求められた。本土からの新たな食料は月二回しか供給されなかったので、灯台守たちは備蓄を確保するのに島で乳牛を飼って乳をしぼり、ヒツジを飼って羊毛を刈り、ニワトリを飼って卵を得たのかもしれない。また土壌と天候条件が許す限り、小さな菜園も作ったかもしれない。ライアルはこうした難題にくじけなかった。彼には妻と少なくとも息子が一人いたので、それに見合う賃金を得る必要があった。一方で、たとえそれが不便で寂しい島暮らしを意味するとしても、彼は自身が熱中することを追い求めて止まなかった。ライアルは動物を愛し博物学に飽くなき興味を持ち、なかでも鳥の観察にひときわ関心を注いでいた。アマチュア鳥類研究者として、彼はとりわけ島の鳥類相を調べたいと考え、おそらく博物館用に鳥の剝製標本を作ることさえ計画していたのだった。

ライアルは幼い頃から物事を秩序立てて考えることにとらわれていたらしく、そのことが、自然界で目にするあらゆるものに名前をつけて分類する一因になったのだろう。動物とその命名に情熱を傾けることで、ライアルは満足感、そして自然がどう機能するかについての説明を見出していたのだろう。それはパズルを一つひとつ解き、これまで未知だったものを明らかにし、一見、無秩序に見える自然の風景に秩序を与えた。ライアルは独学のナチュラリストで、当時はまだニュージーランドの自然に関する書物が少ない（フィールドガイドはまだなかった）なかにあっても、それらから自然についての理解の多くを得ていた。

彼は鳥たちやその行動を観察し、種を同定し、その名称を既存の種に当てはめることによって、自然のなかに心の平安を見出していたのだろう。そして数値化や正当化や明確な説明はできないが、自然界に内在する価値をも見出したのだろう。彼はようやく自分の情熱を追い求められる場所として、前人未踏の無人島での灯台守という新たな職に就くことを決心し、島で過ごす長い夜を、植物や昆虫、鳥類標本を同定し、大量のパラフィン油を燃やして灯台に明かりを灯し続け、家族を支え、深い思索に費やそうと計画した。

ニュージーランドの固有鳥類とその絶滅

理想的な研究対象を、ライアルは当時まだ記載されていなかったスチーフンイワサザイ（イワサザイ科）という鳥に絞っていった。この鳥は後になって彼の姓にちなみ*Xenicus*（*Traversia*）*lyalli*と命名された。羽毛をまとい産卵するのを除けば、スチーフンイワサザイは鳥というよりも、どちらかといえば小型のネズミのマウス（ハツカネズミなどの小さなネズミ）に行動が似ていた。この小さな鳥は、「ホビット〔訳注：トールキンのファンタジー小説に登場する小人族〕」のように、倒木や地中の穴、積み重なった岩の間でも食物を探す生活をしていた。いくつかの解説からは半夜行性だったことが示唆される。大きな脚と短い尾羽を使って、海岸の岩石帯を縫って地表を走ったり、複雑に密生する灌木の枝から枝へ飛び移ったりした。時折は退化した翼を用いて飛翔に近い長めのジャンプもしていたかもしれない。ほぼすべての特徴がミソサザイに似ていたが、この鳥は実際にはミソサザイ科ではなく、ニュージーランドに固有なイワサザイ科に属し、世界で確認されたわずか三種の非飛翔性の小型鳴禽類（めいきんるい）のうちの一種であった。

この鳥は飛ぶ必要も、島から飛び去る必要も、地表から長く離れている必要さえもなかった。この島では一年中食物が手に入り、繁殖もできた。さらに重要なのは捕食者がいなかったことである。飛翔行動はコストのかかる他の適応に犠牲を強いる。大きい硬貨よりほんの少し軽いこのイワサザイは、捕食者から逃げたり、季節的に渡ったりする必要もないために、進化の過程で飛翔力を失ったのだった。

スチーフンイワサザイの起源は数百万年前にさかのぼる。とてつもなく大きな進化的変化がゆっくりと時間をかけて、世代を重ねるなかで、その生活史と生物学的特徴に生じ、彼らを唯一無二の鳥にしていった。イワサザイは毎年のように営巣し産卵しヒナを育てた。巣立つヒナの数は、繁殖相手の質や得られる食物量、気候、あるいはこれらすべてが複雑に組み合わさって変化した。イワサザイの体の大きさ、羽色、形態も、時には氷河を形成するようにゆっくりと、またあるときには速く変化した。しかし、すべての動植物と同様に、生物的、気候的、地質的な環境変化に適応する速度で——自然選択のプロセスを通して——イワサザイも変化していった。このような進化は、何千年、何十万年、何億年もの間、地球上で繰り返されてきた。

ゆっくりとした新種の形成プロセスとは対照的に、その逆プロセスである種の絶滅は驚異的な速さで起こりうる。

ニュージーランドは南島と北島という二つの大きな陸塊が、多くの小さな島々に囲まれた列島である。世界の他の地域から八〇〇〇万年以上もの間、隔絶された。年代は異なるが、海上に出現した他の島嶼(とうしょ)群であるガラパゴス諸島、ハワイ諸島、カリブ諸島と同様に、ニュージーランドは、生物種の分化とその地域環境への適応がどのように起きてきたかをあちこちで見ることができるドラマチックな場所である。

ニュージーランドは成立年代が最も古い諸島の一つである。そのため驚くべき数の固有種が誕生し、ニュージーランドの全鳥類に占める固有種の割合は八七パーセントと目がくらむほど高い。この固有種のなかで非飛翔性鳥類は三二種を数え、そのうち一六種はすでに絶滅してしまった。小型の非飛翔性イワサザイ類に加えて、タカへ(非飛翔性のクイナ)、カカポ(非飛翔性のオウム)、そしてもちろんキーウィ類が知られている。ある時代には、大型で翼を欠くダチョウに似た「モア」と呼ばれる鳥たちが少なくとも九種生息していた。しかし、紀元一四〇〇年までにニュージーランドに最初に入った人間(マオリ族)の到着からわずか二五〇年で、乱獲と生息地の破壊が重なった結果、九種すべてのモアが絶滅した。

ライアルがスティーブンス島の海岸に上陸したときには、ニュージーランドのこうした他に類を見ない鳥類の約三分の一はすでに絶滅していた。この絶滅は、マオリ族とその後に続くヨーロッパからの入植者が行った生息地の破壊と、彼らが持ち込んだ捕食性哺乳類が原因であった。

多産系肉食獣・イエネコの狩猟能力が与える打撃

ネコのティブルスが来る以前、スティーブンス島には一度もネコがいたことがなかったし、他の捕食性哺乳類も皆無だった。一八九四年初頭にティブルスがこの島に初上陸したとき、彼女はお腹に子をはらんでいた。雌ネコは一度に数多くの子が産める。雄ネコが近くにいると雌は出産して数日で再び発情し、次の妊娠が可能になる。もし周りに血縁関係のない雄がいない場合は、兄弟と交尾したり、雄の子が母親と交尾して数が増える。ネコはそれゆえにいったん発情すると急速かつ頻繁に繁殖し、放置されればたちまち指数関数的に増えていく。

ネコは孤島の住人にとって非の打ちどころがないペットになる。ネコは食物のほとんどを身の周りで自力調達できることがその理由の一つだ。健康の維持に主にタンパク質と脂肪の摂取が不可欠な肉食動物のネコにとって、トカゲ、野鳥、小型哺乳類は条件を満たしてくれる食物となる。ネコは待ち伏せ型捕食者である。長時間、動かずに静かに座り、襲いかかる好機を待つ。ネコの狩りはすばやく、また長けており——そうでなければ飢えて死ぬしかない——強靱な足指の間に格納される刃のように鋭い爪で獲物を押さえつけてから、通常、獲物の首に二本の鋭い犬歯で噛みつき致命傷を負わせる。そして鱗や毛皮、羽毛を引き裂く。ネコはウサギやリス大の動物も殺せるが、主要な獲物はむしろマウスやハタネズミなどの小型齧歯類（げっしるい）や、スズメやミソサザイと同じ大きさの鳥類である。

ネコの狩りのもう一つの特徴は、飢えから逃れるために獲物を殺すだけではなく、空腹でなくても獲物が刺激になってさらに殺すことである。ネコに屋外を自由に出歩かせる飼い主は、ネコから小鳥やネズミの「プレゼント」を受け取ったことがあるだろう。このプレゼントこそが、飼っているペットのネコが狩りの能力を持つことの証（あかし）である。科学者たちのなかには、ネコのこうした「獲物の持ち帰り行動」は、経験豊富なネコが別のネコに狩りの仕方を教える役割を果たし、飼い主の人間にさえも狩りをするように促しているのだと主張する人もいる。別の研究者たちは、プレゼント行動は、食料の保管のためか、一度遊んだおもちゃを安全な場所で次に使うために持ち帰る行動かもしれないと考えている。いずれにせよ、また、食物が与えられていようがいまいが、ネコは毛や羽の生えた膨大な数のプレゼントを飼い主のもとに持ってくることができる。ティブルスは島に棲み始めると、島中を歩き回って本能が命ずるままに行動し、ほどなくして、好奇心に溢れ興奮するライアルのもとに、小鳥たちを、まるごとか、半分食べ残した状態でせっせと運び始めた。

このティブルスというネコが、人間の友達のようだったか、あるいは誰かに実際に飼われていたかはわからない。多くのネコのようにこの雌ネコも独立心の強い一面を持ち、灯台守たちは自分の遊び相手や仲間だと逆に考えていたのかもしれない。ティブルスは灯台守の膝に抱かれたり、枕元で寝たりはしていなかっただろう。子ネコのときには現在の子ネコと変わらず、毛糸玉を追いかけて遊んだはずである。そして島に到着して、放し飼いされたティブルスは、自分の意のままに野外を行き来したのだろう。暑さのために長く寝ていられない日中は島じゅうを探索し、動くものすべてを観察し、少しでも動くものがいれば執拗に追った。時が経つにつれてティブルスはどんどん野生化していったのだろう。子孫たちは間違いなく野生化した。ネコは一世代のうちに「野生化」しうる動物である。

判明していない絶滅前の分布

科学者たちは、スチーフンイワサザイがかつてニュージーランドに広く分布していたかどうかを把握していない。生息地の破壊とともに、外来種のネコや大型のネズミのラット（クマネズミやドブネズミなどの大きなネズミ）が蔓延するにしたがって、この非飛翔性鳥類の個体群は縮小し、隔絶され荒涼としたスティーブンス島が、唯一の残存個体群の最後の逃げ場となったのかもしれない。化石の証拠はこのような見解を暗示するが、化石からはスチーフンイワサザイと他種を区別する遺伝情報や他の違いがわからないために、確かな答えは得られていない。ニュージーランドの他の島々で発見されたイワサザイ類の化石は、スチーフンイワサザイに似た形態的特徴を持つものの、実際には別種らしい。ニュージーランドの生物地理学的な歴史を考えると、スチーフンイワサザイのいくつかの個体群は、他の個体群から数百万年も隔離されていたようで、別種とする見方はかなり説得力がある。

種を明確に区別するには一般に、形態学的、遺伝学的な違いの組み合わせを用いる。進化生物学者のエルンスト・マイヤーが考案した「生物学的種概念」という用語は、自然界で潜在的に交配可能な個体の集まり（集合）を、一つの種（同一種）と定義している。生物学分野の研究最前線で、ある生物の集団が新種もしくは別種であるかを決定するのに、この概念だけを唯一の基準とすることはめったにない。系統分類学者は、ある動物が実際に新種かどうかを判断するのに、個体の色彩、模様、大きさを用い、現在では遺伝子そのものを分析する。このような形質の違いは、主に遺伝的突然変異と長期間の生殖隔離のどちらか、あるいはその両方で起き、例えば島嶼、あるいは山地や河川に隔てられた反対側で生じうる。

　ニュージーランドの他地域産の標本から類似のイワサザイ類の完全な標本コレクションが見つかっていないために、現在保存されているスティーブンス島産のイワサザイと他の集団が、実際に同種だったか否かを知るすべはない。この情報がなければ、たとえこのイワサザイが過去に広域に分布していたとしても、正確な分布と、ニュージーランドの他地域で起こりえたすべての絶滅原因はまったく知りようがない。

　とはいっても、重要な点ははっきりしている――それは、一八九四年までは、ニュージーランドの最も名高い生物学者を含む誰一人として、この鳥の目撃記録を残していなかったことである。もう一つ、ライアルがスティーブンス島でこの鳥を手にして、初見の鳥だと看破したことである。ある夜、興奮気味のライアルはパラフィンランタンが放つ光の脇に座って、ティブルスが最近家に運び込んだ大量の鳥を調べ始めた。死骸のほとんどは半分喰われていたが、いくつかはほぼ無傷だった。

　ライアルは、島に来て間もなかったが、それまでのところ、ほとんどの鳥を同定できていた。彼は一風変わった一羽の鳥の死骸を手に取った。小さく、背中がオリーブ色をして胸は淡い色合いで、一枚一枚の羽には波打ったような茶色の縁取りがあった。細く白い過眼線を持ち、翼は短く、下に反ったかなり長い茶色のくちばしをしていた。この鳥は、ニュージーランドに普通にいて、彼もよく知る小さな「ミソサザイ」に似たミドリイワサザイをライアルに思い起こさせた。

　ライアルは、それまで剝製作りをほんの二、三回見ただけで、自分で研究用の仮剝製を作ったのも数回にすぎなかったようだ。それにもかかわらず解剖用のメスを取り上げると、この小さな鳥の退化した

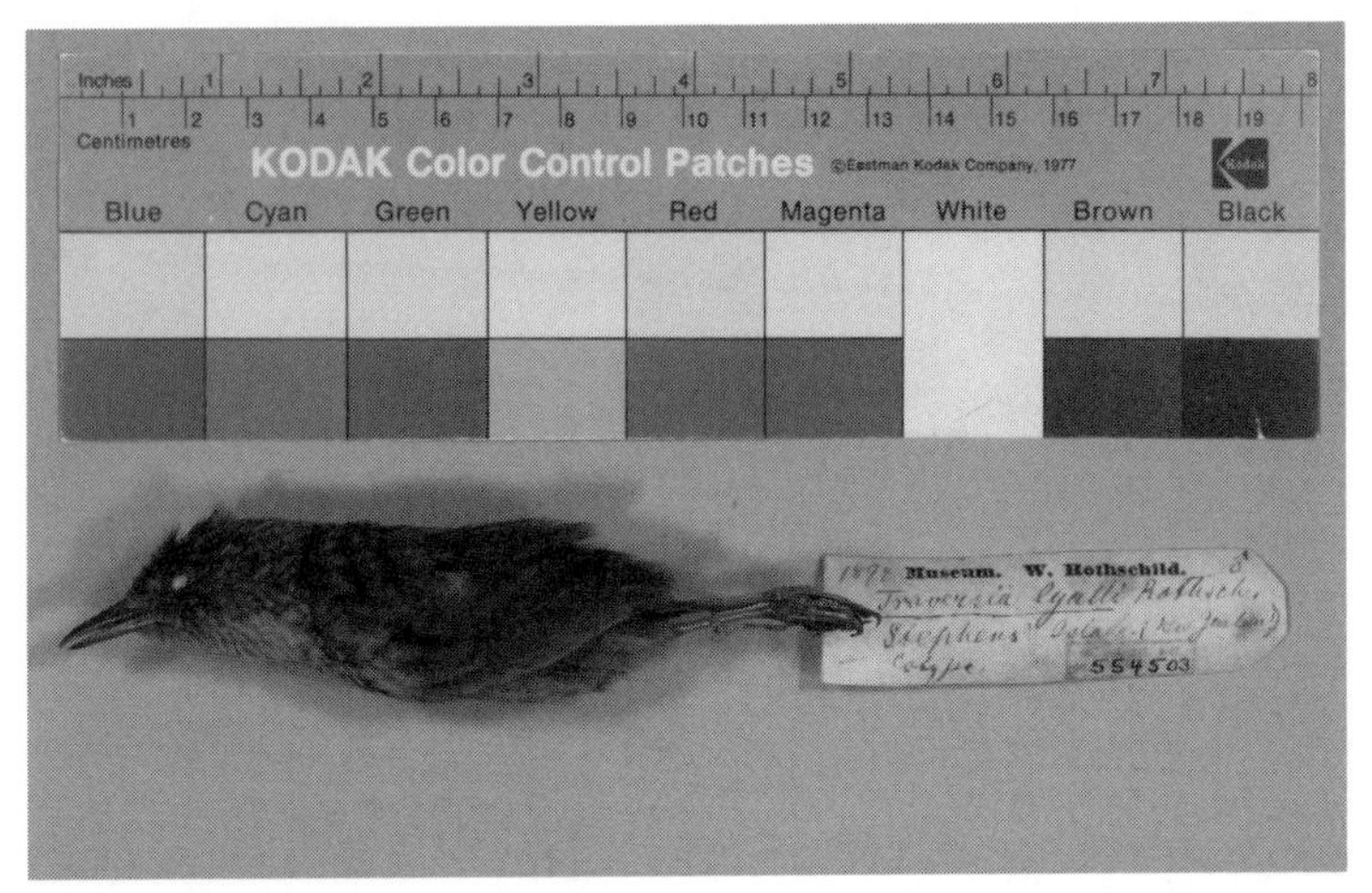

図1-2　スチーフンイワサザイの標本。デビッド・ライアルが作製した15体のうちの1体で、ウォルター・ロスチャイルドが取得し、アメリカ自然史博物館が所蔵（同博物館の写真撮影スタッフのマシュー・シャンリー氏提供）

胸骨に沿って腹部の中央までまっすぐ刃を入れた。それから両側の皮の下に指先を入れて、差し入れた指同士が触れ合うまでゆっくりと皮を筋肉から剝がした。そして、はさみを使って、胴体の端の尾羽の付け根のすぐ上で骨を切り、背中側の皮を両翼の付け根まで剝がした。ライアルには、ティブルスの犬歯が鳥の腹部を貫き、おそらく前足の最初の一撃が鳥の片翼を折ったのがわかっただろう。

　次に両翼の骨を切断し、筋肉をそぎ落とした。そして皮から中身を剝がし続け、頸部をむき出しにすると、すばやく切断して、皮から中身を取り外した。頭骨を覆う皮を眼窩（がんか）の縁まで慎重に剝がすと、後頭部に小さく穴を開けて、注意深く脳をかき出した。ライアルは、標本から組織をできるだけ取り除いて、すばやく乾かし、ウジが湧かないようにしなければならないことを知っていた。次に眼のところに戻ると、瞳の周りの薄い組織を注意深く切り、頭骨から眼球を取り出した。彼は、眼のあった部分が小さく開いた頭部の皮を頭骨に被せ直すと、皮の残りの部分に羊毛を詰めて、眼や首、胴体の形を整えていった。最後に切開部を縫い合わせて、仕上がった剝製を窓際に置き、日にあてて乾燥させた。

この剝製作りをライアルは続く数ヶ月にわたって何度か繰り返し、少なくとも一五体の剝製標本を作った。これらの標本は、ウォルター・ロスチャイルド、ウォルター・ブラー、H・H・トラバースを含む、各地域やその時代を代表する名だたる鳥類学者の手に渡っていった[1]（図1-2）。

イエネコの破壊力——ほんの数年で起きた絶滅

わずか一年のうちにティブルスとその子、孫たち、そして後に続くネコのすべてが野生化し、ライアルの言葉を借りれば「あらゆる野鳥に大惨事をもたらした[2]」。まもなくイワサザイも他の野鳥も見られなくなった。このイワサザイがいつ地上から消滅したのか、正確なことはわかっていない。イワサザイの絶滅は、ライアルと他の灯台守たちがスティーブンス島に上陸して一年も経たずに起きたか、あるいは、どんなに長くとも二、三年以内に確実に起きたようである。ライアルと彼の息子、そしておそらく他のごく少数の人間が、生きているこの鳥を見た最初で最後の人間となった。一八九五年三月一六日付のクライストチャーチの地元紙「ザ・プレス」の社説にはこう書かれている。「この鳥は、もはやこの島で見つけることができず、他の場所にも生存せず、明らかに完全に絶滅したと確信する十分な根拠がある。これは絶滅の起こり方として記録的な出来事といえるだろう」

これは今日でも記録に残る出来事である。発見からおそらく一年以内の絶滅が、皮肉にも、このイワサザイの独自性が世界に初めて明かされるのとほぼ同時に起きた。

この鳥のユニークな鳴き声は記録されることなく失われ、永久に沈黙したままである。世界で九ヶ所の博物館に収蔵される計一五個体の剥製標本がこの種が残したすべてである。ライアルがこの鳥を発見してすぐに作った剥製標本は、当時の市場評価額で一〇〇〇ドルから二〇〇〇ドルの高値で売買された。

スティーブンス島のネコは増え続け、島の野鳥の運命は明らかだった。

一八九九年、島をネコの移入前に戻すために、新任の灯台守が一〇ヶ月間で一〇〇頭以上の野生化ネコを射殺したという報告が行われた。しかし、スティーブンス島がネコのいない島に戻ったと宣言されたのは一九二五年のことで、二六年の歳月を要した。

第2章　イエネコの誕生と北米大陸での脅威

野生の生き物がいなくても暮らせる人がいる。そして暮らせない人もいる。
アルド・レオポルド

野生動物の生息地復元とエコロジカル・トラップ

ライアルがスティーブンス島に上陸したほぼ一〇〇年後、この島から北東へ一万三五〇〇キロ離れたアメリカ・ウィスコンシン州にある「島々」をスタンリー・テンプルはさまよっていた。そこは、海と危険な岩礁に囲まれた島々ではなく、農作物の列や森に囲まれた飛び地状の草地（草原、牧草地、茅場）であった。ウィスコンシン大学マディソン校で野生生物生態学の教授をしていたテンプルは、中西部の静かな農村地帯で、教え子の大学院生と鳥類を研究していた。それは一九八四年のことだった。

テンプルは、連邦や州の政府が進めるいくつかの草原復元プロジェクトが野生動物にもたらす利益の検証に関心があった。例えば農務省の保全地区プログラムは、土壌侵食されやすい耕作地を永続的な草原に置き換えるよう農家を支援する事業である。この農務省プログラムの長期的な目的は、水質を改善し、土壌侵食を防止し、野生生物に生息地を提供するために、広大な農地の中により多くの草原生態系を作り出すことであった。これは、農業を環境に優しいものにする、特に農業の拡大や集約化につれて自然の生息地を失いつつある鳥類や他の草原性生物のために始まった試みであった。しかし、このプログラムが野生動物へ与える効果についていては十分な評価が行われておらず、保全生物学のパイオニアの一人であるテンプルは、こうした取り組みで往々にして生ずる意図しない結果を避けるために、科学的評価が必須であると考えていた。

ウィスコンシン州には、南部の草原や疎林、北部の森林を含む、さまざまな自然環境がある。それと同時にアメリカの酪農地帯でもあり、農場が密に点在する。そこでは酪農と並んで多様な作物が栽培されている。一九八四年時点で州には約七万もの農場があり、それぞれに一、二棟の母屋といくつもの納屋その他の建物があった。テンプルは研究の段取りのためにこうした農場の訪問を始めた。州内各地の農地に足を運ぶうちに、ほとんどの農場や周辺の草原にネコが溢れているのに気づかざるをえなかった。いくつかの農場では、数十頭もの「納屋ネコ」と野放しのネコが棲みついて、復元された草原をうろつき、農家の人たちが野生動物に良かれと管理を奨励されているまさにその場所で、小型齧歯類や鳥類を狩っていた。テンプルは、農場や農家の近くに好適な鳥類の営巣地を作るための環境復元の努力が、むしろ鳥類を引きつけて、このようなネコの強い捕食圧にさらしてしまう「生態学的ワナ（エコロジカル・トラップ）」になっているのではないかと心配した。

ネコは当時すでに世界中の島々で多数の動物の絶滅の原因になるか、少なくとも一因となってきていた。しかし大陸域におけるネコの潜在的な影響についての認識も研究も、ほとんどないままだった。テンプルは、野放しネコがウィスコンシン州の農村地帯に生息する野生動物にどんな影響を及ぼしてきたかという疑問に取り組むため、研究を拡大することに決めた。彼は意図せずに、後になって抗議の嵐を引き起こすことになり、論戦に慣れているテンプルでさえ予測不能な事態に発展する科学研究を開始したのだった。デモ、そして殺害の脅迫も受けるに至る激しい論争が始まった。

アメリカにいる何千万もの人々が、ネコとの深い絆や関わりを感じている。ネコは興味深い魅力的な個性を持つ動物だが、在来の野生動物に破滅をもたらすこともできる。ネコは野外を自由に動き回る権利があると声高に唱える人々がいる一方で、野生鳥獣の権利について語る声は小さい。在来の野生鳥獣は、愛猫家と野生動物を守ろうとする人々との間に始まった戦いの狭間で犠牲になってきた。テンプルの研究は、こうした双方の間の不協和音をさらに高めることになった。ネコは人類が何千年ものあいだに家畜化し愛した生き物であると同時に、野生化したネコや自由に外を出歩くネコは、はるかな時を経て進化し、複雑に絡み合う無数の命のつながりを引き裂くこともできる。このネコという家畜動物を私たちは一体どう扱うべきなのだろうか？

イエネコのルーツ――ヨーロッパヤマネコ

「肥沃な三日月弧」と呼ばれる地域は、現在のイラン、イラク、クウェート、サウジアラビア、バーレーン、トルコ、エジプトの一部などで構成され、文明の発祥地と考えられている（図2-1）。一万年前にこの地域で小麦、大麦、レンズ豆といった作物の最初の栽培や、ウシ、ヤギ、ブタなどの動物の家畜

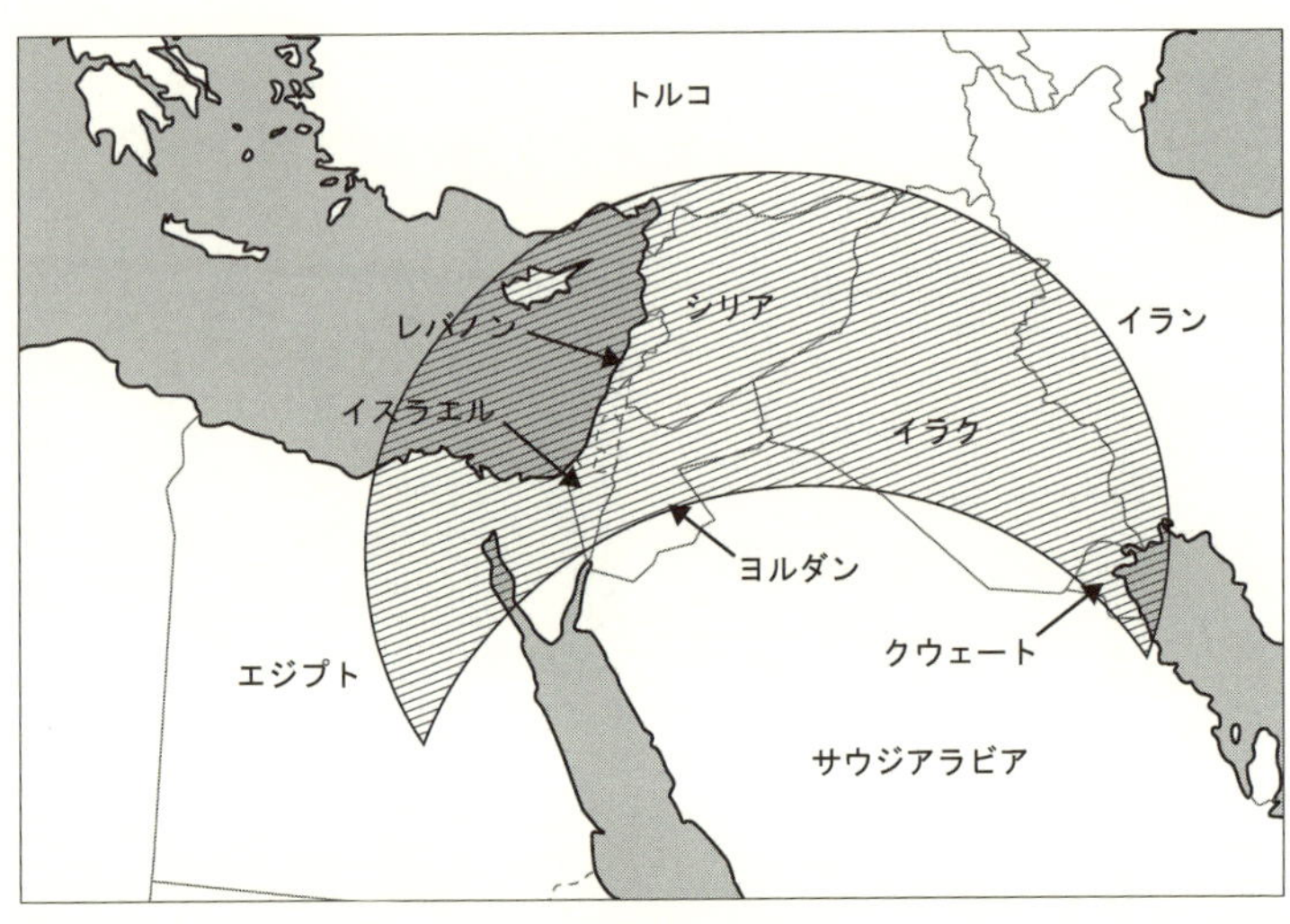

図 2-1　イエネコ発祥の地でもある「肥沃な三日月弧」

化が始まった。水も飲料や灌漑用に確保され始めた。炭水化物とタンパク質と水と、これらの貯蔵用の建造物が組み合わさることで、複雑な人間社会の発展が可能になった。今日のウィスコンシン州の農村地域などでも見られるような開発が、ハツカネズミやイエスズメといった、建物に棲みついて穀物を食べるさまざまな野生動物を引きつけた。人の近くで繁栄することから〝近〟家畜動物という用語で知られるこれらの種は、植物から昆虫、哺乳類に至るまで多様な種を支える新しい複雑な食物網を形成しうる。

こうした出来事が積み重なり、数多くのネズミや鳥を集める結果になり、肥沃な三日月弧のどこかでネコの家畜化を引き起こしたと考えられている。その正確な場所は突き止められていない。しかし人と密接に関係したネコの複数の遺骸が、キプロス島の儀式用に使われた墓地遺跡で発見されており、ネコと人間との関係は九五〇〇年前までさかのぼれることがわかっている。

ネコ科に属する動物は世界に約四〇種あり、オーストラリアと南極大陸を除く全大陸に生息する。最もよく知られるのは大型ネコ類のライオン、チーター、ヒョウ、ジャガー、ユキヒョウ、ピューマ（クーガー）とトラである。残りの種はいずれも小型のネコ類で、アフリカゴールデンキャット、アンデスネコ、ハイイロネコ、アジアゴールデンキャット、ボルネオヤマネコ、ボブキャット、クロアシネコ、カナダオオヤマネコ、カラカル、ウンピョウ、オオヤマネコ、スナドリネコ、マレーヤマネコ、ジョフロワネコ、コドコド、ジャガランディ、ジャングルキャット、スペインオオヤマネコ、ベンガルヤマネコ、マーブルキャット、マーゲイ、マヌルネコ、パンパスネコ、オセロット、サビイロネコ、スナネコ、サーバル、イリオモテヤマネコ、ジャガーネコ、コロコロ、パンタナルネコ、そしてネコ科で最も新しく、かつ最も論議を呼ぶイエネコ（*Felis catus*）の祖先のヨーロッパヤマネコ（*Felis silvestris*）である。

このヨーロッパヤマネコという種は、少なくとも二〇の明確な亜種からなる複雑な集団を形成している。その二〇亜種には、基亜種ヨーロッパヤマネコ（*Felis silvestris silvestris*）、リビアヤマネコ（*F. s. lybica*）、ステップヤマネコ（*F. s. ornata*）、アフリカヤマネコ（*F. s. cafra*）、およびハイイロネコ（*F. s. bieti*）が含まれる。これらすべては形態的にも遺伝的にも極めて似通っている。基亜種ヨーロッパヤマネコの体重は二～五キロあり（一部は性差による）、黒い縞（しま）のある灰色で、どちらかといえばさばっているのを除けば、顔や体は街中にいるトラネコに極めてよく似ている（図2-2）。実際、ヨーロッパヤマネコは、野生化した家畜のイエネコとよく見間違われる。

ヨーロッパヤマネコは、野生化イエネコと交雑してきた長い歴史があるため、かろうじてスコットランド、スイス、フランス、ドイツに遺伝的に純粋な少数の残存集団がいるだけと考えられている。そう

図2-2　ヨーロッパヤマネコの基亜種。今日のイエネコと近縁である（アレックス・スリワ氏提供）

した地域、例えばスコットランド北部や西部で、純粋なヨーロッパヤマネコが仮に残っているにしても、生息数は不明である。ヨーロッパヤマネコの減少の主な原因は、最初は森林の減少であったが、その後については野生化したイエネコとの交雑やイエネコの病気の感染と考えられている。今日のイエネコとは遺伝的に明確に異なるものの、その祖先の一つと考えられているヨーロッパ亜種が、このような状況にあるのは皮肉なことである。

最近の遺伝学的研究によって、今日のイエネコはヨーロッパヤマネコのいくつかの亜種から進化したもので、五つの亜種の一つ、リビアヤマネコがイエネコに最も近縁という結果が示された。これはまた、ネコの家畜化が肥沃な三日月弧のどこかで起きたという仮説を裏付けている。

イエネコの進化と拡散

イエネコは、人間による選択的交配と遺伝的浮動〔訳注：特定の遺伝子の割合が偶然に変動すること〕によって、現在、四〇〜九〇もの品種が見られる。この品種数は、公式のイエネコの登録簿（例えば、世界最大の愛猫協会 Cat Fanciers' Association〔CFA〕の登録簿）に基づく。「品種」または「変種」とは、一つの種の枠内で、一連の特性を共有する個体の集団である。人間による選択的交配の方法も含めて、同一品種内の個体同士が繁殖すると、それらの形質の遺伝的基盤によって、その子孫は同じ特徴を持つようになっていく。イエネコの品種のいくつかは、トラとライオンが違うように互いに異なって見え、また多くの品種は先祖のヨーロッパヤマネコに似ていない。

イエネコは、短毛と長毛の品種に大きく分類される。短毛品種には、首が長く赤土色のアビシニアン、体毛を欠くスフィンクス、そして最小サイズのシンガプーラまで多様な品種がある。長毛品種もさまざまで、巻き毛のセルカークレックス、平顔のペルシャネコや最大サイズのメインクーンがいる。

イエネコの品種を見渡すと多様に思いがちだが、イヌの登録品種数（一六〇〜四〇〇品種）にはとうてい及ばない。イヌの品種にはアフガンハウンド、ブルドッグ、ダックスフント、ジャイアントシュナウザー、グレートデン、グレイハウンド、ドーベルマンピンシェル、バーニーズマウンテンドッグ、チワワなどさまざまなものがある。イヌの品種の多様性は、より長い期間、おそらくネコより一〇〇〇年以上も長く、またいくつかの目的（例えば、狩猟、家畜の世話、嗅覚による探索）のために人間が育種してきたことによる。イエネコの育種は、歴史的にもっと最近のことで、主にネコの育種家によって見た目を重視して行われてきた。ネコの最初の家畜化は、いくつかの出来事が単に偶発的に組み合わさって始まったようである。

アメリカクロクマがゴミ箱あさりに出てきたり、オジロジカが家々の庭に来て柔らかくみずみずしい（見るからに魅力的で手間のかかった）植え込みを食べるように、ヨーロッパヤマネコのいくつもの亜種に属する個体たちが、人間が収穫した種子や穀物その他の食糧の貯蔵場所に出てきていたのだろう。その理由は齧歯類や鳥類がこうした豊富な食べ物に引きつけられて集まっていたからである。こうしてネコと人間とのあいだに「片利共生」と呼ばれる関係が成立した。野生味が低く人間を受け入れやすい個体がいることと相まって、両者の接近がネコの家畜化を導いた。最近の研究では、このような「寛容さ」あるいは「馴れ馴れしさ」に遺伝的基盤が存在する可能性が示唆されている。人が提供する資源に近づける個体ほど繁殖に成功し、最終的に人間に対してより寛容な品種が形成される。もちろん、初期の人間が単にネコを捕まえて、今と同じように可愛がり、多くの世代にわたってペットとして飼い馴らしてきたとも言えよう。

家畜化が実際にどのように起こったのかはまだわかっていないが、おそらくこうした現象が組み合わさって起きたことは十分ありえる。はっきりわかっているのは、こうして飼い馴らされたネコの子孫が、人間の助けを借りて地球上のほとんどすべての場所に広がったことである。イエネコが、人間という隣人に容認された理由は、ペットとしての優れた特徴、例えば、柔らかい毛、可愛らしさや、遊び心を持つうえに、飼い主が有害と見る小動物を捕食し、その数を抑える驚異的な能力があるためである。

イエネコがニュージーランドとアメリカのウィスコンシン州、その間にある何千もの島々や、南極を除く他の地域へ初めて到達した時期は異なる。しかし、イエネコの初期の拡散は、ヨーロッパ人の移動と入植にほぼ確実に結びついている。イエネコがペットあるいはネズミ捕り用のネコ（マウザー）として船で運ばれたのか、それとも単に密航したのかは、その家畜化の過程と同様に謎めいているが、やはりこれらすべてが組み合わさって起きた可能性が高い。エドワード三世（在位一三二七〜七七）が有害動物の駆除目的で、すべての英国船にイエネコ一頭を乗せるように命じたといわれてきた。この慣例がイエネコを世界中に拡散させることになったのは、ほぼ確実である。

イエネコが新大陸に到着した正確な日付はわからないが、コロンブスの第二回航海（一四九三〜九五）までにはすでに到達していたらしい。イエネコは、一六〇〇年代初頭にアメリカ東海岸バージニアの入植地ジェームズタウンで、お腹を空かせた入植者に食べられ、そのネコたちのことは一七〇〇年代を通して歴史文書に記されている。アメリカでのイエネコの歴史は、それ以上は長くないとしても、少なくとも五〇〇年間にわたり北アメリカに存在してきた。人間の意図的あるいは非意図的な行動による拡散は、イエネコに地球上で最も成功した外来種としての地位をもたらした。

もう一つわかっていないのは、アメリカにおけるイエネコの西への移動、そして中西部のウィスコンシン州への移動である。ヨーロッパ人とウィスコンシン州にいた北米先住民（インディアン）との文書に裏付けられた最初の交流は、一六三四年にジーン・ニコレがヒューロン部族とホーチャンク部族とのあいだの平和協定を仲介するために到着したときのことである。当時、アメリカ先住民はイヌを飼っていたが、ネコが辿りついていたという記録はない。その後一五〇年にわたって、ワナ猟師や交易業者がウィスコンシン州全域を移動し続けた。しかし、農業を営む家族たちがヨーロッパやアメリカ東海岸一帯からこの地に移り住んで開墾を開始し、プレーリー（自然草原）やサバンナ（灌木が混じる草原）の生態系を、家屋や小さな木立が点在する牧草地と農地に変えていったのは、一八〇〇年代初頭である。ウィスコンシン州にアメリカ東部からイエネコが到着した時期も、意図の有無にかかわらず、この地へヨーロッパ人が最初に移住した一八〇〇年代初頭と考えられる。つまりイエネコはアメリカに持ち込まれてわずかな世代でウィスコンシン州に定着した。

保全生物学の誕生

スタンリー・テンプルは、ウィスコンシン大学マディソン校の保全生物学分野におけるビールス・バスコム教授職の名誉教授であり、アルド・レオポルド財団の上級研究員も務めている。身長一八〇センチの彼は、ごま塩ヒゲを蓄えて眼鏡をかけた典型的な学者の風貌をしている（図2-3）。もともと穏やかな話し方をするが、保全生物学分野における彼の貢献は自然と耳に入ってくる。テンプルは、学士、修士、博士の学位すべてをコーネル大学の生態学分野で取得し、その間、希少種や絶滅危惧種の回復に焦点を当てて研究を行ってきた。そして、他ならぬ、野生動物管理学の父といわれるアルド・レオポルドが前任を務めたウィスコンシン大学教授として三二年を過ごした。

レオポルドは多くの科学論文、一般向けの記事、そして有名な『野生のうたが聞こえる』の著者であった。この本は、レオポルドが亡くなった直後の一九四九年に出版された。古典とされるこの本は、保全生物学者としての彼の人生の集大成で、数百万部が売れ、一二の言語に翻訳された。レオポルドは、

図2-3　ウィスコンシン州の農村地域でネコの行動圏を追跡中の1989年当時のスタンリー・テンプル博士。ネコ1頭と追跡機材を手にする（ウィスコンシン大学マディソン校アーカイブ提供）

人間と、あらゆる野生の生き物との間に広がる乖離を批判し、人間と自然界との関係が倫理的配慮によって導かれるべきという考えを推し進めた。このような考えにテンプルも倣った。

スタンリー・テンプルはレオポルドの跡を実直に引き継ぎ、大学教員と研究者としての経歴を通して、主に希少で、数が減少している鳥類に焦点を当てた研究を行いながら、レオポルドの幅広い視野の普及に努めてきた。テンプルと彼の学生たちはいくつかの鳥種を絶滅から救うのを支援してきた。彼は三二〇編以上の論文と七冊の本を執筆し、修士課程の学生五二人、博士課程の学生二三人を指導し、研究と教育で数々の賞を取った。

沈思黙考を重ねながら、研究の開始当時は科学の新分野であった保全生物学の分野において、テンプルは最高の生物学者の一人になった。彼の絶滅危惧種についての研究と、回復計画の設計とその実践、さらに自然資源に関する政策面への寄与は、今なお続く貢献の一部である。初期の頃に取り組んだ絶滅危惧種のハヤブサの研究は、この種の生息状況を回復させて最終的にアメリカの絶滅危惧種リストから外すことに貢献した。彼がコーネル大学の博士課程を終えてちょうど一ヶ月後にインド洋のモーリシャス島に渡ったとき、野生のモーリシャスチョウゲンボウは七羽しか生き残っていなかった。今日では八〇〇羽がいる。

彼は、固有種を含む数種の島での絶滅を防ぐために、何十年にもわたる保全事業の立ち上げを支援した。テンプルと学生たちは、さらに地球を半周して、カリブ海のグレナダ島にいる絶滅危惧の固有種グレナダバトを救うために働き、このハトの回復を期して、この鳥を国鳥にする企ても含むプロジェクトを立ち上げた。アメリカでは、カリフォルニアコンドルの人工飼育、生息地への再導入、最終的な復活のための技術開発に貢献した。存命の科学者でこのような経歴を持つ人はほとんどいない。

環境汚染物質と自然保護

テンプルは子どものときから野鳥や他の野生動物を観察し識別することに情熱を燃やしていた。テンプルの母は、そうした息子の熱意に共感こそしなかったが、彼のたっての希望を認め、幼い息子が一人で自由に自然探索するのを容認していた。彼女はコロンビア特別区オーデュボン協会〔訳注：野鳥観察の普及と保護を目的に活動する環境保護団体で、全米に活動拠点がある〕が行うペンシルベニア州のホークマウンテンやメリーランド州の海岸などへの野外旅行に彼を参加させた。この二ヶ所は、特に野鳥の渡りの時

図 2-4　ワシントン D.C. のグローバー・アーチボルド公園の野鳥の道を友人たちと探鳥するレイチェル・カーソン（中央。1962 年 9 月 24 日撮影。シャーリー・A・ブリッグス氏提供）

期には探鳥スポットとなる。運命に導かれるように、この探鳥旅行に科学者であり自然作家でもあるレイチェル・カーソンも参加し、若いテンプルに特に関心を寄せた（図2-4）。

カーソンは『われらをめぐる海』（一九五三年にアカデミー賞を受賞した自然史映画の原作）をすでに書き上げており、おそらくその頃には『沈黙の春』という環境運動へ大きく寄与する研究に着手していた。カーソンは、レオポルドと同様に深く自然を愛し、その保護を願い、そして読みやすく美しい文章を通じて、なぜ自然の地域とそこに棲む生き物が人の暮らしに大切で欠かせないものなのかを伝えることに深く関わっていった。当初の題名が「地球に敵対する人間」だった書籍『沈黙の春』では、農薬、特にＤＤＴ（有機塩素系殺虫剤のジクロロジフェニルトリクロロエタン）の無規制な使用が鳥や他の動物に及ぼす危険性と影響を題材に取り上げた。そのテーマとほぼ同じくらいの重点を、科学的事実の否定に対する批判に置いた。

テンプルは、その頃クリーブランド自然史博物館で働く高校生だった。猛禽類と保全生物学への関心を深めていて、彼を励ましてくれる指導者が一九六二年に『沈黙の春』を出版したとき、この本に注目した。DDTのような殺虫剤は、食物連鎖を通じて植物から草食動物、その捕食者へと移動し、生物濃縮と呼ばれる過程を通じて濃度が高まっていく。猛禽類は頻繁に草食動物や中間段階の雑食動物を食べるので体内に農薬が濃縮されやすく、一九六〇年代までにDDTによる深刻な影響を受けていた。ハクトウワシ、ハヤブサ、ミサゴといった鳥の個体数は急減していた。テンプルは環境科学分野の二人の巨人から影響を受けていった。その一人は、会ったことはないが道徳原理で大きな影響を受けたレオポルドで、もう一人は静かに思慮深く指導したカーソンだった。テンプルは必然的に、私たちの春が沈黙する日が来るのを避けるために、地球に敵対する同様な不正に立ち向かったのだった。

DDTの使用がアメリカの一部で禁止されるまで、『沈黙の春』の出版から一〇年という長い年月を要した。この遅れは、農薬に利権を持つ大企業が意図的に誤情報を広めることで生じた混乱が主な原因であった。ウィスコンシン州はDDTの使用を禁止した最初の州となった。一九七二年六月、新設された環境保護庁の初代長官ウィリアム・ラッケルズハウスは国内でのDDTの使用禁止を宣言したが、一九七九年まではアメリカ中で散発的に使用された。他の多くの環境汚染物質と同様に、DDTは依然として自然界に存在しており、今でも一部地域の鳥類は有毒レベルにあるこの農薬の影響を受け続けている。

外来種は、ある意味では、単に環境汚染物質が別な形をとったものといえる。つまりＤＤＴのように、外来種は大きな被害を及ぼしうるし、いったん導入されると、環境から取り除くのが非常に困難になりうるからだ。家畜化されたネコは、おそらくハツカネズミとクマネズミにほんの少し遅れてやってきた地球上で最初の侵略的外来動物の一つである。これら二種の齧歯類はアジア原産で、ともに人が運び、ネコの餌動物となる。侵略的外来種と認定するには、その植物または動物が、ある特定の場所にもともと生息していなかったにもかかわらず、人の助けで移動してそこで野火のように広がり、在来の生物種とそれらが占有する環境に生態的被害を及ぼすと判断されなければならない。時として人間の健康にも影響を及ぼし、場合によっては死に至らしめ、地域や国全体の経済活動に大混乱を引き起こす。デング熱ウイルスと西ナイルウイルスを運ぶアジア系ヒトスジシマカ、あるいはオーストラリア内陸部とニュージーランド南島の広大な地域に植物の過食害をもたらしたアナウサギを思い起こしてほしい。

新たな生態系に外来種が最初に定着し、繁殖と分散を開始する場合、空いている生態的地位（ニッチ）を占めるか、そのニッチの先住者に競り勝つ必要がある。イエネコは、飛躍的に繁殖しながら、その両方の点で成功をおさめてきた。すなわち広域を占有し、かつニッチの先住者を打ち負かした。事実、イエネコは現在、こうした総合的影響力ゆえに「世界の侵略的外来種ワースト一〇〇」のリストに入っている。外来種としてイエネコが成功者であることは、テンプルがウィスコンシン州の農村にいるイエネコの影響について研究を始めるずっと前にわかっていた。実際にイエネコの成功は、スティーブンス島などの島嶼や、野生生物とりわけ鳥類において端的に示されてきたのである。

絶滅種の一四パーセントに関与

地球上にはおよそ一八万もの島々があり、それらの面積、形、標高、植生はさまざまに異なる。そのなかには、大陸棚に位置するグリーンランド、グレートブリテン、マダガスカルなどの「大陸島」と、面積がずっと小さく、火山や地殻変動あるいは、サンゴ（熱帯の島々）を起源とする「海洋島」がある。地理的に隔離されているため、島々は、高い種固有性と生物多様性を共有している。

残念なことに、これらの島々は、絶滅率や固有種の生息数の減少率が高いということも共通している。その割合は小面積もしくは中間サイズの島嶼でより高い。飛行能力が低かったり、（スチーフンイワサザイのように）なかったりする動物種は特に脆弱である。島の生物は、捕食者がほぼ、あるいはまったくいない中で進化した結果、ほとんどのものは、逃げる能力が限られていたり、なかったりする。そのため、ネコ、ラット、マングースといった極めて有能な捕食者が島嶼に侵入した場合、島の動物たちの生息数の減少や絶滅が起きるのはまさに時間の問題となる。今日まで、イエネコは地球全体の五パーセントにあたる約一万の島々に持ち込まれたと推定されている。

学術誌『Global Change Biology（地球変動生物学）』に公表された論文において、フェリックス・メディナと共著者らは、これまで世界中の約一二〇の島々で行われた絶滅のおそれがある島嶼性の脊椎動物に対するネコの影響に関する研究をレビューした。この総説で彼らは、ネコが一七五種の爬虫類、鳥類および哺乳類の生息数減少、分布域縮小もしくは絶滅を引き起こしてきたと結論づけた。爬虫類では、イグアナ、トカゲ、カメ、ヘビの二五種が、鳥類では鳴禽類、オウム、海鳥、ペンギンなど計一二

図 2-5　バハカリフォルニア南端沖のソコロ島の固有種ソコロナゲキバト。野外で最後に目撃されたのは 1972 年であった（エリザベス・バレット氏提供）

三種が悪影響を受けてきた。哺乳類では二七種がネコによる悪影響を受け、それらは主に齧歯類と有袋類であるが、コウモリやマダガスカルのキツネザルさえ含まれる。全体としてイエネコは、世界の爬虫類、鳥類、哺乳類の絶滅種二三八種のうち三三種（一四パーセント）の絶滅の一因か主要因になっていた。

これらの数値は、ほとんどの島々で、とりわけ種の固有性が高く、かつネコの数が多い島々でモニタリングや研究が行われていないため、過小評価の可能性があるとメディナらは結論づけている。そうした島々にはアジア、インドネシア、ポリネシア、ミクロネシアの島々が含まれる。ちなみに農薬のＤＤＴで絶滅した鳥の種は確認されていない。

ネコによる前記三三種の絶滅のいくつかは、比較的最近になって起きたことである。鳥類二二種のうちの二つ、ソコロナゲキバトが最後に野生で確認されたのは一九七二年で（図2-5）、ハワイガラスは二〇〇二年が最後である。この二種は、他の三一種とは異なり、厳密にいえば、野生では絶滅したが完全に絶滅したわけではなく、異なる時期に個体が飼育下に置かれ繁殖が行われた。野生下でこれらの種をうまく定着させるには、飼育下での繁殖、絶滅に追いやる脅威の自然環境からの除去、注意深い放鳥、放鳥個体のモニタリングを実現することが必要だろう。こうした一連の取り組みは、まさにスタンリー・テンプルがモーリシャスチョウゲンボウとカリフォルニアコンドルで実施したやり方に非常に近いものである。島嶼での絶滅には個々の物語があるが、自然環境下で絶滅した種それぞれの終焉に、ネコは直接間接に関与してきた。そのような種の絶滅過程を辿ることは、将来、同様に起こりうる最悪の事態を回避したい人々にとって参考になる。

ソコロ島における外来種の影響と対策

ソコロ島は、バハカリフォルニア半島の南端沖合にある四つの島からなるレビジャヒヘド諸島の一つで、大陸棚をほんの少し外れた太平洋上にある（図2-6）。この島々は火山起源で、そのユニークな生態系は、鳥類と爬虫類の少なくとも一六の固有な分類群の脊椎動物を支えている。哺乳類はもともとこの諸島に生息していない。ソコロ島はとりわけ豊かな生物多様性を有し、前述のソコロナゲキバトの他に七種の固有鳥類が生息している。

一八六七年以来、この島のユニークな動植物相を調査するために数多くの探検が行われてきた。その一つに、カリフォルニア大学ロサンゼルス校の博士課程の院生だったベイヤード・ブラットストローム

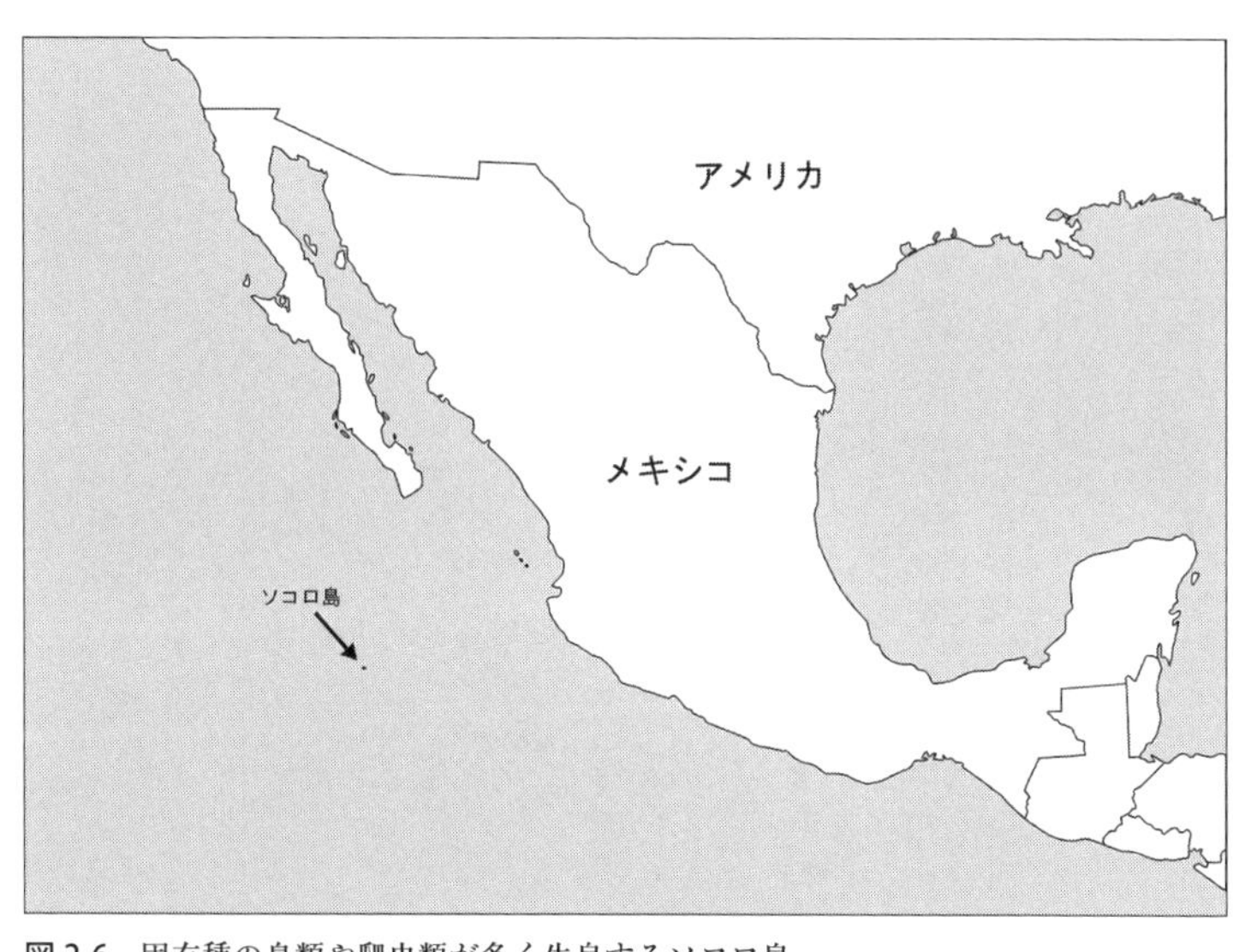

図 2-6　固有種の鳥類や爬虫類が多く生息するソコロ島

が参加していた。彼は一九五二年にこの諸島を訪れ、四年後に研究成果を鳥類学専門誌『The Condor（コンドル）』で発表した。彼の論文の次の一節はほとんど予言的である。

現在のところ、この島々の鳥類相の将来は安全に見える。個体数もほどほどで、どうやら安定しているヒツジを除いて、ソコロ島には住む人もいないし哺乳類もいない。レビジャヒヘド諸島では、どの島にも船はほとんど立ち寄らず、鳥類に危険が及ぶことはほとんどない。この諸島は（大陸から）遠く離れ、概して荒涼としているため、その生物相は火山活動による破壊を除くあらゆることからこれまでのところ保護されてきた。この幸運な状況は今も続くものの、メキシコ政府が、島の動植物相に常に災いをもたらしてきたウサギ、ネコ、ヤギなどの哺乳類が島に導入されないように監視することを期待したい[1]。

残念なことにブラットストロームによる一九五六年の調査の後、この小さな島についに災いがもたらされた。一九七二年三月、コリマ州はメキシコ大統領を五期務めた改革志向の政治家ベニート・ファアレスの没後一〇〇年を記念して、ソコロ島の探検を企画した。コリマ州は、実際のところ島の名をファアレスにちなんで変更することを考えていた。このときの行事に関する記録（ベラスコ－ムルシア、一九八二）には、科学的に信頼できる野生のソコロナゲキバトの最後の目撃情報がある。ベラスコ－ムルシアは、人を恐れないソコロナゲキバトを何人かの島の訪問者が明白な理由もなく撲殺しているのが目撃されたと書き留めている。

メキシコの鳥類学者ジャン・マルティネス－ゴメスは、生涯の大部分をレビジャヒヘド諸島における鳥類の研究と保全に費やしてきた。彼は、この島にかつて駐留したメキシコ軍兵士からそれ以降の情報について聞き取りを行った。それは鳥類研究者による記録ではないが、ソコロナゲキバトは少なくとも一九七五年までは見られたらしい。しかし、ジョー・ジェールとケン・パークスが行った一九七八年と一九八一年の調査でも、その後にベイヤード・ブラットストロームが行った再調査でも、ソコロナゲキバトは一羽も確認されなかった。一九五〇年代には健全に見えた個体群の状態から、一九七〇年代初頭から半ばにかけての最後の生き残り個体に至るどこかの過程で、ソコロ島固有のハトたちは厳しい運命に遭遇したと見られる。

生物種の絶滅はたいていい複数の要因が相互に作用し合うことが引き金となって起きる。ジェールとパークスは、ソコロ島全域で野生化イエネコの生息痕跡と、イエネコが島の固有種を食べている証拠を発見した（ネコは一九五〇年代の終わりに軍の施設が設置されたときに連れてこられたと考えられた）。しかし、マルティネス－ゴメスによるその後の調査や聞き取りでは、一九七〇年よりずっと前にソコロ島にネコがいたという説得力のある証拠は見出せなかった。一方、彼は、一九七二年以後に行った絶滅危惧種ソコロマネシツグミの研究中に、野生化イエネコの生息とその影響を次の形で確認することとなった。ネコの糞や胃内容物に、ソコロマネシツグミやオオセグロミズナギドリなど、絶滅のおそれがある数種の固有鳥類の身体の一部（羽毛）を発見したのである。野生化イエネコがソコロナゲキバトの減少と最終的な絶滅の一つの要因になったことに、ほとんど疑問の余地はない。しかし、野生化イエネコにどのくらい責任があったのかは不明なままである。

マルティネス－ゴメスは、ヒツジが初めて島に持ち込まれ、野生化するにまかされた一八六九年に問題の発端があったのだろうと主張した。ヒツジが自然植生に影響を及ぼすことは、定量化はされていないが議論の余地がない。この島を訪れたブラットストロームを含む研究者たちは、そのときから七五年以上にわたり、ヒツジ個体群の影響は取るに足らないとしてきたが、島の繊細で危うい自然が、ゆっくりと累積的に変化を続けていたことは明らかであった。過剰放牧は、短期の観察者には見過ごされがちだが、植生の変化を引き起こし、食物と隠れ場所を植物に依存するソコロナゲキバトやソコロマネシツグミのような鳥類に影響を与えてきたのは確実である。それゆえ、ヒツジが持ち込まれてすぐに両種は減少し始めたであろう。

ソコロナゲキバトの減少は、ネコの到着後ほんの数年で加速した。体系的なモニタリングが行われなかったため、減少が実際にどれほど急激に起こったかを示すことはできないままである。ソコロナゲキバトは特に恐れを知らないことで知られ、ネコ、それからこん棒を持った人間のいい標的となった。植生のカバーがなければ、ハトは隠れるところがなく、生き残った個体も、スチーフンイワサザイ同様に、増える野生化ネコたちにあっという間に殺されたのだろう。イワサザイとは異なり、幸いにもソコロナゲキバトは二〇世紀初めに捕獲され、飼育下での繁殖が行われた。島からネコとヒツジを完全に排除したうえで、ソコロナゲキバトの野生復帰を行うことが急務となろう。スタンリー・テンプルが手がけたモーリシャスチョウゲンボウのように、ソコロナゲキバトの野生復帰が成功するかどうかはまだわからない。

野放しネコの影響を科学する

テンプルは自分の研究者生活を通じて、鳥の種がこの惑星で徐々に減少し、消えていくのを見続けてきた。そして今、鳥たちに大惨事をもたらすもう一つの恐ろしい外来種が、彼の住むウィスコンシン州で目の前にいるのを悟った。それは、数が増え続ける野放しネコであった。テンプルは島嶼における野生動物種の衰退と絶滅の原因にネコが加担している確たる証拠に精通していた。そして、ウィスコンシン州の農場や田舎の家々の周囲に広がる環境のなかで、今や困惑するような数の外来捕食者を目のあたりにしていた。多くの場合こうした農村の居住施設は、ヒガシマキバドリ、ボボリンク、ヘンスローヒメドリといった急減した鳥類が棲む草原に、隣接して配置されていた。良識ある保全生物学者の一人として、テンプルは、ネコが鳥の個体数に及ぼす影響について州全体でデータを収集し、どんな結果であっても、それを普及啓発に用いる時期が来たことを自覚したのだった。彼は連邦農務省とウィスコンシン州天然資源省から研究資金を確保した。この二つの行政機関は、減少しつつある野生生物のために、農場に草原の生息地を創出することを後押ししていた。

テンプルと大学院生のジョン・コールマンは、量的モデルを構築することにした。これは、特に大きな空間スケールにおける複雑なシステムの、ある側面を理解しようとするなら必須の作業である。量的モデルは、科学のほぼすべての場面、ビジネス、そして日常生活でも使われている。モデルは、その構成の複雑さや結果の不確実性に伴い、変化していく。

簡単なモデリング例として、カリフォルニア州を車で縦断するのに必要なガソリン代の決定を考えてみよう。ガソリン代を決めるには次のことを知る必要がある。①ガソリンの平均価格、②使用する車の製造会社と車種によるガロン当たり平均走行距離、③カリフォルニア州の縦断距離である。それぞれの推定値あるいは「変数」には、一定の不確実性が含まれる。例えば、ガソリンの価格はガソリンスタンドごとに異なり、燃料効率は走行速度、交通量、運転者で変わる。旅行終了時までわからない正確な走行距離と推定値との間には何マイルかの差が生じる。同様に不確実性も推定できるので、最終的にガソリン代として必要な金額にどのくらいの信頼度があるかもわかる。

テンプルとコールマンの研究の場合、核心となる疑問は明らかだった。すなわちウィスコンシン州の農村地域全体で野放しネコが毎年何羽の野鳥を殺しているか、である。モデルの変数もかなりシンプルなものであった。最初にウィスコンシン州の農村地域にいる野放しネコの数、二番目に一頭のネコが一年に何羽の鳥を殺すか。そのモデルは次のように表せる。

一年間にネコが殺す鳥の数＝（農村のネコの数）×（殺される鳥の数／一頭のネコ／一年あたり）

第一変数の「ウィスコンシン州の農村にいる野放しネコは何頭か」を推定するために、テンプルらは農務省の農業安定化・保全プログラムに登録されたウィスコンシン州の農村住民のおよそ一三万人の氏名と住所を用いて研究を始めた。ほぼすべての農家と、農村に住宅を所有する多くの非農家がこのプログラムに登録されているので、この名簿によって州全域を満遍なく網羅することができた。彼らは、調査結果が全住民を代表するように、州の七二郡それぞれから回答者を抽出しつつ、一パーセントに当たる潜在的回答者を名簿から無作為に選び出した。二二の質問からなるアンケート用紙を、匿名性を保証する手紙を添えて、一九八九年四月一三日に一三二四人の住民に郵送した。念押しハガキの送付と若干の電話による催促を行って、その年の一一月までに有効回答八〇七件（回答率六四・四パーセント）が得られた。

これらの回答から、回答者の約八〇パーセントが一～六〇頭（平均約五頭）のネコを所有し、その所有数は、農家か非農家か、また農場のタイプで異なることが判明した。例えば、畜産農家は平均九頭ものネコを所有していた。

テンプルとコールマンは、農村の住宅タイプごとのネコ密度に関するデータから、州全域のさまざまなネコ密度を推定した。そしてウィスコンシン州の農村地域にいる野放しネコの数は一四〇万～二〇〇万頭という推定値を導き出した。この値は、平均密度一〇～一四頭／平方キロに相当する。これらの推定値は、モデルを発展させ、鳥類の個体数に関わる問題の規模をより深く理解するのに不可欠であった。二人の次の仕事は、一頭の野放しネコが何頭の動物を捕殺するか、そのうち鳥は何羽なのかを明らかにすることだった。そのためにネコを捕獲して首に電波発信機を装着し、ネコの行動のいくつかの面を測定することができた。

一頭のネコの年間捕殺数の推定については、すでにいくつかの研究が発表されてきた。推定値は、ゼロから、一頭のネコが食べられる数をはるかに超える数まで幅があった（農村のあるネコは一八ヶ月間に一六九〇個体の動物を殺していた）。テンプルとコールマンはさまざまな手法を用いてネコの食性を調べた。電波発信機を装着した一一頭のネコを五二六時間以上にわたって直接観察し、ネコの糞七六八個の内容物を分析し、安全な嘔吐剤を使って一三〇頭の生け捕り個体から直近の獲物を吐き戻させて調べあげた。彼らの研究に協力したネコの飼い主らは、ネコが捕殺した二七六件の目撃例を報告してくれた。

これらのデータを総合すると、二人の懸念は的中し、通常、野放しネコが最も普通に捕るのは小鳥と小型哺乳類（齧歯類やウサギなど）であることが明らかになった。同様の手法を用いた他の研究で、ネコは選り好みをしない日和見的な捕食者で、動くもので一定の大きさのものは何でも殺すことが示されている。

ネコは獲物を食べるときもあれば、食べないときもある。行動のこの可変性のゆえに、テンプルとコールマンは、モデルの推定値を算出するために、できるだけ多くのタイプの研究を組み合わせることが肝要と考えた。そして、既存文献のレビューに自分たちのデータを組み込んで、野放しネコの餌に占める鳥類の割合を二〇〜三〇パーセントと結論づけた。

二人は、モデルの各構成要素について得られた幅のある数値をモデルに入れて計算を行った。そして、ウィスコンシン州の農村に生息する野放しネコが少なくとも年間七八〇万羽の鳥類を殺していると結論づけた（ネコ数少なくとも一四〇万頭×ネコ一頭一年あたりの鳥捕殺数少なくとも五・六羽）。ウィスコンシン州の農村地域における野放しネコの生息密度が、キツネ、スカンク、オポッサム、アライグマなどの中型捕食者を合わせた典型的な生息密度よりも数倍高いことを考えると、野放しネコはウィスコンシン州の農村において在来鳥類の主要捕食者であることが明確になった。では、これらの数字は一体何を意味するのだろうか？

テンプルはもう一度かなり単純化したモデルを作った。彼は詳細なネコの行動追跡データを持っていたので、ネコの典型的な行動圏の広さとネコが狩りをする特定の環境を把握していた。また、これらの環境における鳥類の個体数調査も行っていたので、ある環境一エーカーあたりとネコ一頭の平均狩猟域あたりの野鳥生息数と利用可能数もわかっていた。彼は、通常、各ネコの狩猟域に生息する小型・中型鳥類の最低一〇パーセントがネコの捕食で失われると結論した。これは相当な捕獲量である。

ほとんどの学術論文は、他大学にいる同業の研究者に査読され、同じようなテーマに取り組む他の研究者に定期的に見直されるよう保管される。しかし、コールマンとテンプルの研究結果は、一九八九年に仮報告が第四回東部野生動物被害管理会議で発表され、一九九三年に『Wildlife Society Bulletin（野生生物学会報告集）』でもっと長い研究報告が公表されたとき、世間に知られることになった。

ネコはジャーナリストたちを「またたび」のように引きつける。「単に事実を明らかにすることが、ネコ愛護活動家たちの痛いところを突くことになるとは、想像すらしていませんでした」と、テンプルは何年も後に述べている。「嫌がらせの電話や不快なヘイトメールに対応するのはたいへんでした[2]」。ある新聞記事が不正確にも、胃の内容物を分析するためにネコが殺されたと受け取られかねない書き方をしたことから、テンプルは殺害の脅迫まで受けた。電波発信機を装着したネコが何頭か病気や事故で死亡したが、ウィスコンシン州で行った研究過程でネコが傷つけられることはなかった（ウィスコンシン州で野放しネコの狩猟を合法化する法案が検討された二〇〇五年に、テンプルはさらに多くのヘイトメールや殺害の脅迫を受けることになるのだが、その詳細は第6章で述べる）。

こうした野蛮ともいえる逸脱行為は、次のような驚くべき思考の偏りがあることを浮き彫りにした。それは、ウィスコンシン州民の多く（少なくとも新聞社に手紙を書いた人たちやテンプルにヘイトメールを送った人たち）が、数百万羽の鳴禽類が殺されているという事実よりも、野鳥の死亡のせいでネコが非難されていることに、関心を多く寄せたことであった。さらに一部の人たちは、一人の研究者の生命よりもネコが殺処分される可能性の方を心配したのだった。

テンプルは実のところネコが好きで、自身もウィスコンシン州の農村にある自宅で数頭のネコを飼っている。彼はペットを大切にし、屋内で飼うのがペットにとって安全だと理解している。それと同時に自分の家の周りにもともといる野鳥やその他の野生生物の命も大切に思っている。多くの人々が野鳥を大切にし、バードウオッチャーになる人も増えている。同様に現在は、過去のどの時代よりも、アメリカにおけるネコの所有者数が多い。しかし、ネコと野生動物の両方に愛情を持つ人はそれよりずっと少ないし、反対の立場にある人々に理解を示せる人も少ない。それぞれの側の人が多くなるにつれて、そもそもどちらも皆、動物好きであるのをたぶん忘れて、「鳥派」と「ネコ派」が互いに身構える状況になってきている。

第3章　愛鳥家と愛猫家の闘い

尻尾をつかんでネコを運ぼうとする人は、他のどんな方法でも学べない何かを学ぶ。
マーク・トウェイン（小説家）

野鳥フィールドガイドの誕生

一九一九年の春の晴れた土曜日、ロジャー・トリー・ピーターソンはニューヨーク州ジェームズタウン市の公園で一羽の黄色い野鳥に出会った。彼は当時まだ一一歳だった。ジェームズタウンは、州南西部のチャダコイン川に沿って広がるにぎやかな街である。入植初期の時代には毛織工場がいくつも集まって発展し、豊富な木材と、優れた工芸技術を持つ多くのスウェーデン人の移民のおかげで、一九世紀が始まるまでには「世界の家具の首都」として知られるようになった。周辺一帯のナラ、カエデ、ストローブマツの森林は、チャダコイン川の土手沿いにある家具製造工場の需要を満たすために積極的に伐採されたが、ジェームズタウンの南半部にある近隣公園「一〇〇エーカーの森」は残されていた〔訳注：一〇〇エーカーは約〇・四平方キロ〕。

それは、アメリカにおけるバードウオッチング史の始まりを告げる朝だった。年若いピーターソンは、七年生担当のブランチ・ホーンベック先生や他の生徒と一緒に「一〇〇エーカーの森」に遠足に来ていた。ホーンベック先生はジュニアオーデュボンクラブを創設した女性で、クラブのメンバーは放課後にオーデュボン協会の教育用冊子を勉強したり、E・イートン著『Bird of New York State（ニューヨーク州の鳥類〔全二巻〕）』の鳥の絵を模写したりしていた。「一〇〇エーカーの森」は、生徒たちから集まった一セント銅貨募金も加わって、その頃ジェームズタウン市当局が一〇ドルで購入したばかりだった。この公園を散策中にロジャーと友人は、その後の生活を大きく変えるきっかけになる一羽のキツツキ（今はハシボソキツツキとして知られる）が木の幹にいるのを見つけた。ピーターソンは後に、次のように記している。

キツツキの頭は翼の雨覆いの下に隠れていた。渡りの途中で疲れ果てていたのだろうが、私たちは死んでいると思った。美しい羽毛を観察しながら、私たちはしばらくそばに立ってその鳥を見つめていた。背中に触れようと私が手を伸ばした瞬間、鳥は息を吹き返した。黄金色の翼下面と首の後ろの赤い三日月を見せて飛び去る姿には目を見張った。死んだと思ったものが生き返った光景が今でも目に浮かぶ。驚くべき飛翔能力を持つ野鳥の生命力の強さと自由な印象を感じ（その感覚は以来ずっと心にあるが）、私は途方もなく興奮していた。[1]

同じように将来を決めた瞬間があった。ある日の放課後、野鳥の絵を模写する活動でアオカケスの水彩画を描いていたピーターソンは、鳥類画家になりたいと思うようになったと、後に振り返っている。

ピーターソンの若い頃の生活は楽ではなかったと誰もが言う。家計は苦しかった。一〇歳から働き始めたスウェーデン移民一世の彼の父親は、息子がナチュラリストの傾向を強めたことに耐えられなかった。どうやってバードウォッチングや蝶の採集で食べていけるだろうか？　ピーターソンを野鳥ではなく中国風のデザインを漆塗り家具に描くためにナショナル家具会社に入れたのが、父親の実利的世界観であったというのもうなずける。

幸い職場の上司の一人が、ピーターソンの将来性を見込み、芸術学校への進学を勧めてくれた。一九二七年、ピーターソンはジェームズタウンを出て、絵の勉強をするためにニューヨーク市に向かった。そこで彼はアート・ステューデンツ・リーグに入学し、その後、国立デザインアカデミーに進学した。生活費を稼ぐために家具装飾も続けながら、スケッチ力と彩色技術を磨くかたわら、ピーターソンはアメリカ自然史博物館で過ごすことができた。彼が初めて鳥類学を正式に学んだのは、この博物館だった。一九三一年に彼はボストン地区に移り、有名な少年アカデミーのリバーズスクールで教職に就いた。これがバードウォッチングへの愛を生徒たちと分かち合う最初の機会となった。ピーターソンは昼間は教員として献身的に働きながら、野鳥の絵を描き、文章を書くことに没頭した（図3-1）。

勤務時間外の努力は、初めての本『A Field Guide to the Birds（鳥類のフィールドガイド）』として結実した。この本は、やがて多くの人々の自然界との付き合い方に変革をもたらすことになった。多くのイラストを含む原稿を添えて、著作権代理人が出版交渉に回ったものの、四つの出版社に断られた。ボストンにあるホートン・ミフリン・ハーコート社が、ピーターソンが自分で原稿を持って訪ねた後、

図 3-1　若き日のロジャー・トリー・ピーターソン。イギリスのチェシャー・ディーのヒルブル島に滞在して「イギリスとヨーロッパの鳥類フィールドガイド」に収録するシギ・チドリ類を写生中。ピーターソンの革新的なフィールドガイドは、野鳥観察を大衆化するのに一役買った（1952 年 10 月撮影。エリック・ホッシング公益信託提供）

一か八かで出版を引き受けてくれることになった。一九三四年の初版二〇〇〇部は一ヶ月も経たずにすべて売り切れた。大恐慌時代のさなかにあって、鳥に関する本として小さな業績ではなかった（ピーターソンのフィールドガイドシリーズはその後も発刊が続いて累計七〇〇〇万部以上を売り上げ、その多くはいまだに販売されている）。

その気取らないやり方で、ロジャー・トリー・ピーターソンは、自然関連本のまったく新しいカテゴリーであるフィールドガイドを創りあげた。このジャンルはアメリカ人に野鳥観察を広め、そして、アルド・レオポルドやレイチェル・カーソンといった人たちに補強されて、二〇世紀半ばに起きた生態学的の新たな舞台を準備したのだった。

ピーターソンが役に立つフィールドガイドを通じて数え切れないほどの野鳥観察者に変革をもたらしたのと同様、アリゾナ州にいたミックス品種のトラネコで雌のターダーソースは、ユーチューブが時間つぶしに格好の場所であることを裏付けつつ、インターネット上のバカ騒ぎの新境地を開くきっかけとなった。ターダーソースは「グランピー・キャット（気難しいネコ）」としてよく知られている（図3-2）。このネコの口はいつも両端がへの字に下がり、名前の由来である陰気でむっつりした表情をしている。これは、小猫症と受け口が原因と見られている。

図 3-2　グランピー・キャット（気難しいネコ）。2014年 MTV 映画賞における、アメリカのインターネットで人気をさらったネコのうちの1頭（Jaguar PS/Shutterstock）

二〇一二年にインターネットでデビューして以来、ターダーソースは飼い主とマネージャーの助けをほんの少し借りるだけで人気が高まってしまった。ウォールストリートジャーナルやニューヨークマガジンのような雑誌の表紙や特集記事を飾り、ジャーナリストのアンダーソン・クーパーとテレビ共演を果たし、フェイスブックでは八五〇万人以上から〃いいね〃を獲得した。

このような賞賛を集めるために、グランピーキャットは何をしたのだろうか? あるビデオクリップで、このネコはお腹を見せて横たわる。別の映像では腹ばいになったり、あくびをしたりする。グランピーと取り巻きたちは、さまざまなソーシャルメディアの枠を超えて有名になり、トレードマークのしかめっ面は、ケーブルテレビの映画やベストセラー二冊、そしてグランプチーノと名付けられたアイスコーヒー飲料で拡散された。

グランピーの成功は、アメリカ人が集団としてネコに対してとてつもない愛情を感じ夢中になるという事実をはっきり示す。私たちがネコよりも愛するのは、私たちのネコ愛を強調する「インターネットミーム〔訳注:インターネットを通じて広まる情報や行動〕」だけであろう。しかし少し前までネコは、人々にとって大切な存在ではなく、家の中で放っておかれた。第2章で述べたように、イエネコと人間の関係は、一万年を超えるいつも友好的だったとは言えない歴史を通じて進化してきた。私たちはネコを愛し崇拝することもあったが、憎み虐げることもあった。有害動物の防除にネコを使ってきたし、暮らしの中心に据えたこともあった。

古代エジプト文化におけるネコの地位の高さについては十分な記録文書がある。エジプトのネコたちはビクトリア王朝期のネコたちと同じように尊重された。穀物倉庫周辺の有害動物を減らし、たまに出没するコブラ退治に役立つのが理由だった。ネコ一頭の殺害は死刑に値する犯罪行為だったと示唆する記録もある。頻繁にイエネコとして表される女神バステトは多産のシンボルとして崇拝され、女神の名の下に行われる祝祭では、数十万頭のネコが生贄(いけにえ)に捧げられ、ミイラにされ埋葬された。女性の性的欲望の象徴としてのネコという考えは今も生き残っている。ローリング・ストーンズの「ストレイキャットブルース(野良ネコブルース)」を聞けば納得がいくだろう。

ヨーロッパでは中世までに、ネコの地位が悪化するという方向転換が起きた。(夜行性であるために)魔女や悪魔と関係が深いとされてネコは無慈悲に殺された。一五世紀、ベルギーのイープルという町では、ネコへの憎悪はネコ祭り（というよりは反ネコ祭り）を開催させ、祭りのクライマックスに町の道化師が教会の尖塔から生きたネコを放り投げるまでエスカレートした。この祭りは一八一七年まで続いた。

ネコは社会制度のフィルター――ネコの待遇の変化

二〇世紀初頭までに、ネコはもはや悪魔の使いとはみなされなくなった。しかし当時のアメリカでは、ネコはペットというよりも働き手の役割を担った。農民や農村の住人たちは、マウスやラットその他の有害動物の数を抑えるためにネコを傍らに置いていた（一九〇〇年代のアメリカ人の大部分はまだ農村地域に住んでいた）。人々がトラネコのためにストーブのそばや寝室の隅にネコ用の寝床を用意することはなかっただろう。ネコは納屋か玄関脇の箱などで寝て、ミルクの入った皿をもらったり暖炉のそばに招かれたりすることもなく、自活していた。しかしネコを家に招き入れ、暮らしにより深く結びつける社会的変化が起きつつあった。

二〇世紀が始まる前後の何年間かは、工業労働の職に引き寄せられた数千万人もの人々が、農村地域や小さな町からアメリカの大都市へ移住したことで特徴づけられる。ほとんどの都市移住者は窮屈な安アパートに住むことになった。ペットどころか家族で暮らすにも手狭な空間しかなく、安アパートに蟄歯類が少ないわけではなかったものの、農業とは無縁の状況で有害動物を減らす必要は明らかに低かった。生活スペース以外のいくつもの現実的な制約が、数十年間にわたって、都市の住宅にイエネコを迎え入れるのを阻んできた。

まずは食料問題があった。ネコは高タンパクな食物を必要とするが、屋外に出て狩りができなければ、肉不足になる。しかし当時、ネコに十分なタンパク質を与えられる家庭はほとんどなかった。野外へのアクセス不足は第二の問題を生じさせた。もし子ネコの餌が十分に手に入ったとして、糞と尿はどこでさせるのだろうか？　ネコのトイレ砂はまだなかったし、狭い街区で糞尿の汚物と悪臭を我慢するような都市住民はほとんどいなかった。アパートでネコが暮らすことへの三つ目の障害は、多すぎるネコの脅威だった。ネコの不妊去勢手術は、一九三〇年代までは実用化されていなかった。発情した一頭の雌ネコがいるアパートの住人は、孤独で不幸なネコと暮らすか、仮に雄ネコを一頭飼っていれば（あるいは、雄ネコが同じ建物にいて、閉じ込められていなければ）、たくさんのネコと暮らすはめになることに気づき始めた。ネコの出産回数は年平均三回、一回の平均産子数は四～六頭である。誕生した子ネコは生後四ヶ月で発情できるので、ネコは数を「極めて」早く増やせるのである！

アメリカの都市で、ネコが見慣れぬ存在だったわけではない。しかし、二〇世紀の早い時期にペットとして広く飼われたイヌとは異なり、ネコは都会の家族にとって、もっと曖昧な存在であった。キャサリン・グリアーは『Pets in America: A History（アメリカにおけるペットの歴史）』という情報に富む本の中で、ネコを自立型の仕事請負人と表現した。ネコはネズミ捕りとして、餌（つまり有害動物）がいる都会の厩舎の周辺では特に評価が高かった。しかし前に挙げた理由から、通常、家族の正規メンバーではなかった。もちろん例外もあった。マーク・トウェインはネコに愛情を注ぎ、時にレージーという名の一頭をストールのように首に巻いて散歩をした。

やがて人々の関心が秩序と清潔さへ移ると、都市の「浮浪ネコ（tramp cats）」の数が問題視されるようになった。野放しネコは病気の媒介者というレッテルを張られ、公衆衛生上の脅威として大量に捕殺された。このような過酷なやり方に対して一部の市民が懸念の声をあげ、より穏やかな管理手段が求められるようになった。ボストンアニマルレスキュー連盟とニューヨークの動物愛護保護団体「Bide-a-Wee Home」は、野良ネコと野良イヌの譲渡プログラムや、より人道的な安楽死法の実施を支持した。

銃から双眼鏡へ――フィールドガイドの功績

ロジャー・トリー・ピーターソンがフィールドガイド作りに着手したとき、動物を殺すことは想定していなかった。この点でピーターソンは、自身が師と仰ぐジョン・ジェームズ・オーデュボンとは大きく異なった。オーデュボンは、一八二七年から一八三八年の一一年間にわたって『The Birds of America（アメリカの鳥類）』を発行した。どちらの本もアメリカの野鳥を扱ってはいたが、類似点はそれだけである。『アメリカの鳥類』は小さな本ではない。初版は縦約一メートル、横六〇センチ以上もあった！　価格も高かった。初版本一セットの値段は一八三〇年に八七〇ドルした（二〇一五年時の六万ドル近くに相当）。逆に一九三四年の超携帯版『鳥類のフィールドガイド』は二・七五ドルで販売された（図3-3）。

図3-3　ピーターソンの『鳥類のフィールドガイド』初版の表紙（ホートン・ミフリン社提供）

　しかし、ピーターソンの本がオーデュボンや他の先人たちと決定的に異なるのはその内容だった。以前の鳥類画家は、銃で撃った鳥に針金や他の器具を使ってポーズをとらせ、見栄えのするフォルムに仕立てた。実際、二〇世紀初頭までは、多くの愛好者にとって、野鳥観察は狩猟と同じことだった。一八七〇年代のアメリカの著名な鳥類学者エリオット・カウズは、野鳥観察をしようとする人たちに次のようなアドバイスをした。「二重銃身のショットガンが最も頼りになります。羽毛につく傷を最小限にしながら小鳥を捕まえるという目的のために、あなたが買えるいちばん良い銃を手に入れましょう。できるだけすべての鳥を撃つことから始めましょう[2]」

　ピーターソンの絵は、読者の要求に応えるものであったが、その特徴は、それぞれの鳥類の識別点（フィールドマーク）が明示されていることであった。そのことによって、遠くからでも類似種との違いが容易にわかり、同定ができた。フィールドマークは、例えばマガンでは、ピンク色のくちばし、顔正面の白斑、腹部の変異に富んだ黒い縞模様が矢印で図示されている。こうしてアマチュアのナチュラリストたちは野鳥に親しむために、銃器に頼る代わりにピーターソンのフィールドガイドと双眼鏡を携帯するようになった。彼らは狩猟者から観察者になったのである。双眼鏡を用いたバードウオッチングは、ほぼどこでもいつでも可能であった。

ピーターソンは、この画期的な発想を、ニューヨークの美術界やナトール鳥類学クラブ（当時のアメリカで最も格式が高い野鳥観察クラブの一つで、ピーターソンも会員の一人）に所属するボストンの上流階級から得たのではなかった。その代わり、ピーターソンは少年時代に夢中になった本、アーネスト・T・シートンの『二人の小さな野蛮人』から発想を得たのだった。一九〇三年に書かれたこの本は、ヤンとサムというカナダ人の少年たちが、暇を見つけては森に入り、先住民がどんな暮らしをしていたか想像するといった冒険の記録である。ピーターソンは自分とヤンを重ね合わせた。「ヤンは遠くからどうやってカモ類を見分けたか」という章で、主人公は世紀の変わり目頃に入手できた野鳥観察の本に見られる重大な欠点を特定している。それは、一九三三年でも、次のようであった。

彼は識別に多くの困難があるのに気づいたが、誰も助けてくれなかった。しかし、観察を続け、ノートをとった。新しいことを学んだときは、必死でそのことにこだわった。そのうち、いくらか助けになりそうな本が手に入った。それは、あたかも鳥を手に持っているかのように説明していた。しかし、強い思いを持ったこの少年は、遠くからしか野鳥を見ることができず、途方に暮れた。ある日、彼は池にいる野生のカモを、いくつか色の点しか見えないくらい遠くから見ていた。けれども、その鳥をスケッチして、後でそのラフスケッチからそれがアメリカホオジロガモであることを見出した。そして、この驚くべき少年はある考えに至った。どのカモもそれぞれ違うように見えて、名札か兵士の制服のような小さな点や筋がある。「もし今、ぼくがカモの制服を紙に描き留めることができれば、遠くから池のカモを見てすぐに何のカモかわかるだろう(3)」

ピーターソンは、ヤンの野鳥識別法に影響を受けたとしばしば認めていた。実際、一九三四年、一九三九年そして一九四七年版の『鳥類のフィールドガイド』の緒言でそれを引き合いに出している。「ホオアカアメリカムシクイを識別するのに何に着目するかを人々に示したとき、ロジャー・トリー・ピーターソンは、バードウオッチングを一般の人たちでもできることにしたのです」と『バード・ウオッチャー・ダイジェスト』の編集者で発行者のビル・トンプソンは話してくれた。「もうショットガンはいらなくなりました。ほとんど誰でもピーターソンのガイドを手にできましたから。フィールドガイドがあれば、一羽のただの野鳥を眺めているのではありません。これはアオカケスだとわかる。フィールドガイドは野鳥観察者たちが大きな共同体になることも可能にしました。電話あるいはへき地のインターネットのように、人々を結びつけたのです(4)」

アメリカバードウオッチング協会が、野鳥観察の理念を推進したことに対して授与するロジャー・トリー・ピーターソン賞の二〇一三年受賞者、ノーブル・プロクターは、ピーターソンのフィールドガイドが環境保護運動の生起に関わっていると信じている。

フィールドガイドは、鳥類の存在を意識させることで、私たちアメリカ人に環境について考えさせ始めた。カラス、コマツグミ、「茶色の小鳥」の他にもっと多くの種類の野鳥がいる。フィールドガイドは、見れば見るほど識別の手掛かりになるために、鳥をもっとよく見るよう促した。出かけていって何かを救う前に、まずそれが何かを知らなければならない。対象の名前を知ることは、それに関わるための必要不可欠な一歩となったのである。[5]

どんな運動にもマニフェストが必要なように、『鳥類のフィールドガイド』はアメリカのバードウオッチングを推進する触媒であった。他の要素もいくつか重なって昔の鳥類観察を変え、普及させた。その一つは、高品質な光学機器がどんどん手に入りやすくなったことである。最初のフィールドガイドが発刊されたとき、バードウオッチャーの多くは家族の軍隊経験者からのお下がりである双眼鏡を使っていた。光学技術(一部は戦後に占領下に置いていたドイツから得た技術)の進歩によって、より高性能な双眼鏡や望遠鏡を前よりずっと手頃な価格でバードウオッチャーが入手できるようになった。

第二次世界大戦後のアメリカが手に入れた、より広範にわたる文化的経済的要素も、野鳥に対する私たちの愛着を後押しした。自動車がこれまでより労働者階級の手に入りやすくなると、アメリカ人の家族は一斉に都市から郊外に出ていった。郊外には(アメリカン)フットボールを投げたり、ハンバーガーを焼いたり、鳥の給餌器を下げたりできる庭があった。一九五〇年代に多くのアメリカ人が経験した繁栄と生活水準の向上のおかげで、財力があまりない人々も以前より自由にできる余暇を持ち、野鳥観察のような趣味に打ち込める時間がとれた。さらに遠くへ遠くへと運んでくれる自動車があった。

なぜ野鳥に大はしゃぎをするのだろう? バードウオッチャーではない人は尋ねるかもしれない。何が野鳥の魅力なのだろう? ビル・トンプソンはこの質問について熟考した。

鳥類が魅力的なのは、目が覚めるような羽毛のせいだろうか？　優雅で美しいさえずりのせいだろうか？　求愛行動や繁殖相手とヒナへの献身はどうだろうか？　これらすべてが私たちの野鳥への愛に関する見事な説明だが、もっと簡単なことだとさえ思う。突き詰めれば、鳥たちは、人間が過去一〇〇年でやっと成し遂げたこと、つまり飛翔を悠久の時にわたって行ってきた。鳥が私たちを最も引きつける理由は、その自由さと飛翔力である。鳥類は私たちのように地面に縛りつけられていない。鳥は重力の足かせを気にも留めていない。そして、私たちも飛翔できればと願う。だからこそ私たちは驚嘆して野鳥を眺め、彼らがいるところならどこでも探し求めるのだ。(6)

自然界と人をつなぐバードウオッチング

飛翔は、ある鳥種では半年ごとに数千マイルもの長距離の渡りを可能にする。数百万人もの熱心なバードウオッチャーの想像力をかき立て魅了するのは、おそらくこの渡りだろう。渡りは地球の四分の一周に達することもあり、鳥によっては両極間を飛び、時には数万羽もの群れをなし、捕食者を避けるために夜間を選んで飛ぶ鳥もいる。こうした長距離飛行にもかかわらず、前年に過ごしたのと同じ越冬地や繁殖地から数百ヤードも離れない場所に毎年のように戻ることができる。何十億羽もの「羽毛を持った生きた魚雷」が春と秋ごとに世界中の空を移動する。彼らは、私たちがまだ完全に理解できていない方法で、私たちのさまざまな文化圏、国々、大陸間をつないでいる。

彼らは熱帯のジャングルから温帯林、北方林、草原、砂漠、沼地、そして裏庭に移動してくる。この並外れた飛行士たちはタカ類であれ、クイナ類、シギ・チドリ類、あるいは鳴禽類であれ、究極の旅行者である。見たところ常に動き回り、それも空身で、生き残るために移動し、燃料補給のために時に翼を休め、そしてその不思議な行動を観察しようとするバードウオッチャーたちが首をそり返らせて見回す双眼鏡に、その姿がつかの間捉えられる。

鳥類が、風変わりなのと同時に、われわれ人間との結びつきをそんなにもたやすく作れるのは、彼らが至るところにいるからだ。庭や遠く離れた土地での野鳥観察は、私たちを野生味溢れた自然に結びつけてくれる。しかしこのような自然とのつながりは、現代社会においてますます失われている。

リチャード・ルーブは、アメリカ人、特に子どもたちで増大している自然との乖離、その結果としての注意力障害、不安、うつ病などのさまざまな行動上の問題に対し、「自然欠乏症候群」という新用語を当てはめた。バードウオッチングは種を識別するために感覚と思考の両方を同時に働かせる。何の鳥を見ているかを知るには、集中し、観察し、聴き、そうして集めた一連の情報を整理しなければならない。ある意味、すべての識別は挑戦であり、パズル解きであり、解決すべき問題を突きつけられることである。初めて出会う鳥は、仮説検証を訓練する機会を提供する。

野鳥観察は、収集して残す、そして誰が最も多く収集したかを競うという、まさに人間的な欲求を満たし、ゲームの一種にもなりうる。一九世紀の終わり頃、野鳥の収集は狩猟と剥製作りの形で行われた。今日、収集はライフリスト〔訳注：バードウオッチャーが一生を通じて出会った鳥のリスト〕という形で見られる。このライフリストは、ツイッター上で希少種の目撃と場所を発表したり、野鳥観察者のための新手のインターネット上のチェックリストプログラム「eBird」で最長リストを作ったりする競争になっている。

野鳥観察者は、頭がおかしいとは言われないまでも、しばしば変人奇人として大衆文化では相手にされてこなかった。テレビドラマ「じゃじゃ馬億万長者（ビバリーヒルビリーズ）」のファンは、いつもツイードに身を包んだミス・ジェーン・ハサウェイを思い出すかもしれない。スティーヴ・マーティン、ジャック・ブラック、オーウェン・ウィルソンといった俳優でさえ、北米の野鳥観察大会を題材にした二〇一一年のコメディ映画「ビッグ・ボーイズ――しあわせの鳥を探して」で野鳥観察を格好よく演ずることはできなかった。道楽というものはうまくスクリーンには載せられないのだろう。野鳥観察者たちは本当に型破りの異端者であって、世間にまともに受け止めてもらえない主流から外れた個性なのだろうか？

アメリカ魚類野生生物局（USFWS）が二〇一一年に実施したバードウオッチングの経済効果に関する調査によると、野鳥観察をする人は、真剣な観察者であろうと気軽なバードウオッチャーであろうと、多くの人が考えるよりもはるかに主流派といえる。実際に、野鳥を観察する人はあなたの隣か、ほんの数軒先にいる。この調査によれば、アメリカの現役の、一六歳以上の野鳥観察者数は約四七〇〇万人だった。USFWSは、野鳥観察者の定義を、野鳥を家の周りで詳細に観察し、鳥種を識別しようとするか、野鳥観察を主な目的にして家から一・六キロかそれ以上遠くへ出かける人としている。これら大勢の野鳥ファンとは一体、何者だろうか？　その八八パーセント、つまり四一〇〇万人は、裏庭に来る野鳥を観察し、野外に餌入れや脂身の塊を吊り下げたり、朝の食卓にフィールドガイドを置いていたりする人々である。残りの六〇〇〇万人に加えて、時折野鳥を見る一二〇〇〇万の人々が、自宅から離れて鳥を観察しに旅行している。

野鳥観察者は、平均的なアメリカ人よりも、ほんの少し年齢が高く、収入と教育水準が高く、女性が男性よりわずかに多く、白人が非常に多い傾向がある。住民一人当たりでは、都市よりも農村部で、また中西部、北東部、西部よりも南部の州で、野鳥観察者である可能性が高い。

バードウオッチングとネコの経済効果

多くの団体が、アメリカの野鳥観察者やバードウオッチャーのために、共同体組織を作っている。アメリカ野鳥観察協会は約一万二〇〇〇人の会員を持ち、アメリカ鳥類保護協会は約一万人、コーネル鳥類学研究所は約七万人、全米オーデュボン協会はアメリカ全土に四六四以上の州支部と四五万人の会員を持つ。全米オーデュボン協会と提携していない州単位のオーデュボン協会に至っては、さらに数多くある。全米オーデュボン協会の活動は、屋外で野鳥観察を組織するだけにとどまらない。会員は草の根活動と生息地の修復活動に参加し、市民科学も実施する。最も有名な活動が毎年恒例のクリスマス・バードカウントである〔訳注：クリスマスの前後に市民ボランティアが野鳥の種類と個体数を調べる、一〇〇年以上続く鳥類調査〕。この協会は生息地保護に出資し、保全計画の方向付けと策定のために科学者とロビイストを雇い、オーデュボンセンターからオーデュボン誌に至るさまざまなプログラムを通じて、人々への普及教育に奮闘している。全米オーデュボン協会は、二〇一四年には七四〇〇万ドル近くを保全活動の支援に使い、およそ五〇万平方キロもの生息地を保護した。

バードウオッチングという娯楽は、政治的な力と同様に経済効果も示している。二〇一一年のアメリカの野鳥観察者は、旅行（食料、宿泊、交通）に一五〇億ドル、装備（双眼鏡、カメラ、キャンプ用品）に二六〇億ドルを費やしたと推定される。これらの支出の総工業生産額（いわゆる経済波及効果）は、一〇七〇億ドルにも達した。

他方、経済の駆動力としてはネコも負けていない。ピーターソンのフィールドガイドや改良された光学機器などの新しい製品や技術がアメリカのバードウオッチャー文化を育成したように、缶詰のペットフード（そして新鮮に保つための冷蔵庫）などの現代的技術や他の餌製品の進歩は、収入の少ない人々でも家庭で容易に安価に、ネコを飼えるようにした。一九四〇年代後半に〝発明〟されたネコ用トイレ——主成分はネコ尿のアンモニア臭の吸収に好適な粘土の一種・フラー土（酸性白土）——がネコの室内飼いを以前よりずっと簡単にした。小動物への関心を増した獣医業界によって進められた不妊去勢手術の改善も、ネコの屋内飼育をより快適で管理しやすい見通しのあるものにした。

二一世紀に入った今日でも、アメリカにおけるネコの所有は過去最高を記録し続け、推定九〇〇〇万頭のネコが四六〇〇万戸の家庭で暮らしている。ペットフード研究所によると、ネコの餌の売り上げは二〇〇〇年の四二億ドルから二〇一三年には六七億ドルへと五〇パーセント以上増えた。これは社会の潮流がネコの所有を爆発的に増やしたことによる。現在アメリカでは人口の八〇・七パーセントにあたる二億四九〇〇万人以上が都市とその近郊を含む都市部に暮らしている。このことが私たちを野生動物からも、野生動物が暮らす自然からも遠ざけ、ペットを家庭に持ち込むことが、動物につながりたい人々の内なる欲求を満たしている。さらに一人暮らしの世帯数は、一九七〇年の全世帯数の一七パーセントから、二〇一二年には二七パーセント（約三二〇〇万世帯）に増加した。ネコは、散歩も糞拾いも必要なく、一人暮らしの人々の相手となる。

オレゴン動物愛護協会のシャロン・ハーモン理事長兼CEOは物思いにふけりながら語る。「コンパニオンアニマル（伴侶動物）としてネコの魅力は、ほんの少し野生味を持っていることだと確信しています」「ネコは完全には飼い馴らされていません。野生状態からわずか一世代経たにすぎないのです。私たちはその野生味を享受しているのです[7]」。キャットスター〔訳注：ネコを飼っている人のためのコミュニティサイト〕のウェブサイトの大まかな説明が明らかにしているように、ネコの飼い主は自分たちの暮らしにネコがいてほしい理由を次のように喜んで説明している。

ネコは、

- どんなスヌーズボタン付き時計や置き時計よりも優れた目覚まし時計になる。
- 話し相手になるし、時には聞いてくれることもある。
- 毎日同じ餌を食べても不満を言わない。
- 赤ちゃん言葉で話しかけることができ、馬鹿な振る舞いと感じさせない。
- 排便のために外に連れ出す必要がない。
- あなたがちょっと寄り添ってほしいときを察してくれる。
- 一日中、単独で家にいることができて、散らかしたりしない。

・ほとんどのものをおもちゃに変えられる。
・餌をやりさえすれば無条件に愛してくれる。
・おもちゃを捕らえるために空中を舞い、身体をひねり、アクロバティックな動きができる。
・最高の気晴らし相手になる。
・そして言うまでもなく……レーザーポインターで遊べる。(8)

ネコが飼い主の肉体と精神双方の健康に役立つという証拠がある。ネコと一緒にいると、人の血圧を下げ気分を改善することが証明されている。ペット（ネコやイヌ）は障害のある子どもたちの治療に役立てられている。最も知られているのはペットセラピーと呼ばれるプログラムである。誰とも話したくない、誰にも触れられたくない子どもたちの顔が、ネコの友達に話しかけたり、柔らかい毛皮を撫でたりしてパッと明るくなるのを見るのは心温まることである。

屋外ネコと人の関係

ターダーソースのように屋内でかなり甘やかされて暮らす飼いネコが八五〇万頭を少し下回るほどいる一方で、飼い主がおらず野外で厳しい生活を強いられているネコは六〇〇〇万～一億頭いると推定されている。そうした生活のなかで起きるネコと野鳥の出会いが、野鳥にとってよい結末を迎えることはめったにない。飼い主のいないネコは獣医師の治療も受けられずに病気（後に取り上げるネコ白血病、腎不全、ネコ汎白血球減少症、ペスト、狂犬病、トキソプラズマ症など）にかかりやすい。また、他の動物、特にコヨーテ、それよりは少ないがワシ、フクロウ、キツネ、アライグマなどに捕食されやすい。車にも頻繁にはねられ、交通事故は屋外で暮らすネコの死亡原因の筆頭に挙げられる。

屋外で産まれた子ネコのおそらく五〇～七五パーセントは、野ざらしにされることや寄生虫、病気が原因で死んでしまう。たとえ成獣まで生き残れたとしても、平均余命は二年にすぎない。一方、野外ネコでも世話人が定期的に食べ物と水、時には避難所を提供すれば、もっと長く、平均で一〇年生きる。さらに室内飼育ネコになると平均寿命が一三～一七年である（寿命差は品種間で生じる）。

野外ネコの全般的な幸福度をモニターするのは不可能だが、彼らの習性に関する一般的な見解はある。特に完全に野生化した個体は社交的でなく、人間との関わりを拒む。逆に迷子や遺棄された個体は人間との接触を求める。人からの給餌や給水に頼る野外のネコは、群れやコロニーに集まる傾向がある。このようなコロニーは雌ネコの血縁関係を中心に形成される場合が多く、雄ネコは、人の援助に頼らない個体と同じく単独でいる傾向が強い。

野外ネコの日々の活動は、食物の得やすさに大きく左右される。例えば日本の福岡県相島では、ゴミ捨て場から食物を十分得られるため、ネコたちは休息に一日当たり最大一九時間も費やすことが観察されている。南オーストラリアでは非常に乾燥した気候で食料も不足しているため、野生化ネコのなかには絶えず動き回り、行動範囲が最大一三〇平方キロにも達するものがいる。アメリカの郊外にいる野外ネコは、心配して餌を与えてくれる人がいる玄関を「巡回」し、機会があればフィンチや野ネズミ類を捕まえる。野生ネコ類と同様に、野外ネコは少し暗い時間帯、特に夕暮れや夜明けに最も活動的になる。

ネコのこの習性は、人間からの干渉を避けるためであり、とりわけ都市や郊外に棲む野外ネコに当てはまる。

野外のネコと私たちとの関係はこれまでも常に複雑だった。今日では野外のネコをどう分類するかにまで及んでいる。アメリカ動物愛護協会（ＨＳＵＳ）の白書によると、ネコ問題に関する科学文献のなかで野外にいるイエネコを表す言葉は「野生化ネコ（feral cats）」から「侵略的外来ネコ（invasive cats）」「ペットネコ（pet cats）」「家庭ネコ（house cats）」に至るまで三〇種類以上に及ぶ。私たちが野外のイエネコをどう定義付けるかは、社会学的な観点と生物学的な観点に影響される。すなわち人間による所有の状態と、ネコがどこで生活しているかの二つの観点である。「野生化ネコ」という用語はしばしば野外ネコすべてに用いられる。しかし、野生化という用語は、専門的には、餌や隠れ場所を人に頼らず完全に野生状態に戻って生活し、人間とのどんな関わりも拒絶する個体だけに適用すべきである。

都市や郊外で遭遇する野外ネコを表す他の用語としては、「半所有ネコ（semi-owned cats）」「路上ネコ（street cats）」「野良ネコ（stray cats）」「コロニーネコ（colony cats）」「地域ネコ（neighborhood cats）」などがあり、これらすべては人間への一定の依存の程度が測れる、より正確な言葉である。しかし、例えば多くの「家庭ネコ」「ペットネコ」あるいは「所有ネコ」が野外で歩き回るのを許されていて、なかには好き放題にできるネコもいることから、さらに混乱がある。国際コンパニオンアニマル管理連合は、人間とネコとの関係を「所有」「半所有」「非所有」の三つに分類している。

本書においては、「自由に動き回る（free-ranging）」という用語が、少なくともある程度の時間を屋外で過ごすネコを指すのに最適と思われる。なぜならばこの用語が人との関係（あるいはその欠如）についていかなる仮定も置かず、外来の家畜動物であるイエネコが自由に動き回る能力を表すからである〔訳注：本書ではこの文意から、「野放しネコ（free-ranging cats）」と訳す〕。

野放しネコの実態と世話人

野放しネコをどう呼ぶにせよ、アメリカでは野放しネコの数が増えており、その主な原因は遺棄である。遺棄は例えばニューヨーク州において、州農業および市場法・規則第三五五項で次のように定義されている。

ある動物の所有者または保持者あるいは責任者、世話人が、その動物を遺棄したり、街路や車道または公共の場で置き去りにして死に至らしめたり、その動物の身体に障害が起きる場合、その動物に身体障害が起きていることを通知されてから三時間以上、街路や車道または公共の場に放置した場合に、それらの行為を行った者は、軽犯罪を犯したとされ、一年以下の懲役、または一〇〇〇ドル以下の罰金、あるいは両方を科されることがある。[9]

遺棄される動物の数を正確に見積もる方法はない。それは人々が、そうした陰湿な（そして多くの法律で犯罪とされる）行為を表沙汰にしない傾向があるからだ。アメリカ動物虐待防止協会（ＡＳＰＣ

A）は、全国の動物保護施設（シェルター）に収容されるコンパニオンアニマル（主にネコとイヌ）が毎年六〇〇万～八〇〇万頭にのぼると報告している。こうした動物は公園、高速道路の休憩所、大学のキャンパス、軍事基地に放置され、あるいは、飼い主が引っ越す際にアパートや住宅に置き去りにされる。「ペット数と政策に関する全国評議会」の調査によると、ネコはさまざまな理由で遺棄される――家に増えすぎた、アレルギー、引っ越し、ペット維持費用、家主の問題、子ネコの里親探しの失敗、家を糞尿で汚す、個人的な都合、不十分な設備、他のペットと相性が悪いことなどである。遺棄する人の多くはたぶん、遺棄されたネコは自分で生きていけると考えているのだろう。しかし、ほとんどは生きていけない。

遺棄という行為は夜の闇にまぎれるか、他人に見つからない場所で行われやすく、ネコは自ら証言できないので、ほとんどの犯行は罰せられない。リチャード・ブローティガンの短編『The Good Work of Chickens（ニワトリの良い仕事）』で、彼は遺棄者の残虐さに対する面白い仕返しをつづった。高速道路の休憩所で飼い主がイヌを捨てるところを目撃したこの物語の語り手は、車のナンバープレートをもとに遺棄者の自宅を探し出して、人に頼んで一トン分もの鶏糞をダンプカーで遺棄者の玄関先に送りつけたのである。

野放しネコは人々の間を縫って動きながら、地域の人々に相反する強い反応を引き起こす。ある人たちは、ネコの行動、例えば、ネコを飼わない人の家の周りで地面を掘ったり糞尿をしたり、雌が発情時に鳴いたり喧嘩したり、餌台に来る野鳥を捕ったりすることに不満を持つ。

他方、野放しネコに熱心で献身的な関心を示す人もいる。コロニーネコの世話人と呼ばれることもあるこうした人々は、ネコに食べ物と水を与え、たまにかくまい、時には獣医師による医療（不妊去勢を含む）を世話して、しばしばそのために身銭を切る。世話は、食事の残り物かキャットフードを入れた皿をアパートの敷地や物置の陰に置いたりする人たちによって、その場しのぎで行われることもある。一方、野放しネコを助けるために、近年、次々に生まれた数百もの非営利団体の指示に従って世話をする人々もいる。提供する世話のレベルと種類にかかわらず、ほとんどの世話人は、ひどい扱いを受けたと彼らが思う生き物に対する純粋な思いやりから行動している。

そのような非営利団体の一つ、「路地ネコ連合」は自らを「ネコを保護し人道的に扱うために貢献する国内唯一の動物愛護団体」と宣伝する。他にも類似団体はあるが、路地ネコ連合は確かに最も宣伝力を持ち資金力がある。その活動には、動物収容施設やシェルターが説明責任をもっと果たすために、動物の収容数と殺処分の割合を公式記録に残すよう提唱すること、またネコの殺処分を止めてネコの生活の改善を目指して、一般の人々へ普及啓発を行い、世話人向けの情報センターを提供することなどがある。路地ネコ連合は孤立した草の根組織ではなく、五〇万人の会員組織を誇り、推定五〇〇万ドルの年間予算を投じて、野放しネコの福祉に関する問題について声高で、しばしば耳障りな主張をする。連合の会員らは自分たちの信念に身を捧げ、情熱を傾けているが、残念なことにその多くの努力は少なくとも次の二つの現実を認識し損なっている。ネコを自由に屋外で歩き回らせることが、①膨大な数の鳥類、両生類、爬虫類、小型哺乳類の命を縮め、ネコ自身の寿命も縮めていること、②屋外のネコが野生動物に限らず、人間にも影響を及ぼす病気を広げていること、である。これらの点については第4章と第5章で詳しく説明する。

ネコの世話人のなかで、ネコの世話にかける努力を語ったり、外部の人間に自分たちのネコロニーを紹介したりする人を見つけるのは簡単ではない。路地ネコ連合は、おそらく情報の漏洩やある種の報復を警戒して、会員の個人情報を明らかにするのをいやがる。世話人たち自身も素性を隠したがるような人たちで、外部の人たちはネコロニーのメンバーに危害を加えるので、コロニーの場所を秘密にするのが最善であると感じている。トロントに本拠を置く団体「動物の平等」は、地域の何人かのコロニー世話人のプロフィールを作っている。組織のウェブサイトにある紹介記事では世話人たちと活動の動機を公開している。

●S・ロビン

ロビンは、トロントでネコのレスキューや、野生化ネコロニーの世話をしている人たち、愛猫家の間でよく知られている。過去七年、ロビンは多くの野生化もしくは野良ネコを救助し、安全で暖かな終（つい）の棲みかに運んだ。ネココロニーの維持管理には、想像以上に多くの献心が求められる。クリスマスも含めて毎日、自分のコロニーに出向き、生きるのにロビンだけが頼りのネコたちに給餌し続けている。

コロニーの世話人は、近隣にネコがいるのを嫌う人々に嫌がらせを受けることもある。そうした人との衝突を最小限にするために、ロビンはネコが餌を食べ終わるのを待ち、給餌場所が汚れないように空の皿を家に持ち帰る。車のトランクはこれから洗う給餌用の皿が入った袋でいつも一杯である。人々の不親切さよりも彼女が悔しく思うのは、野外で頼るものもなく徘徊するネコが実にたくさんいることである。これらのネコのほとんどは、かつて誰かに飼われていたのに遺棄されたり、迷子になったネコだ。

ロビンは、人々が自分のネコをすべて不妊去勢し、責任あるペット所有者にならなければ、野生化もしくは野良ネコの過剰繁殖の問題は拡大し続けると語る。

「私は、この問題から逃げるような人間になりたくありません」とロビンは続ける。「世界のあらゆる状況に手助けはできませんが、私が助けられるネコはすべて救おうと思います。これは私の能力と時間とエネルギーでできることであり、変化をもたらせるし、このネコたちの生活の変化がわかるからです[10]」

●D・ヘルダー

ヘルダーは仕事の前に毎朝、五ヶ所のネココロニーに出かけて野良ネコに餌と水を与えている。彼はもう五年間この日課を続けてきた。そもそもネコの世話は、寒い冬の朝、一頭の子ネコを見つけたときから始まった。前の晩、このネコは雨でずぶぬれになった。夜の間に気温が下がり、子ネコは廃車の座席を隠れ場所にした。その朝ヘルダーは車の座席で凍えている子ネコを見つけた。その日以来、雨の日も晴れの日も、野生化ネコや遺棄されたネコに食べ物と水、シェルターを与え、愛情を注いだ。これらのネコが世代を重ねてコロニーは五つに増えた。彼はコロニーのネコを捕獲して、頭数を少しずつ減らすために、不妊や去勢も行っている。他の誰からも忘れられ、遺棄されたネコたちにとって、ヘルダーと彼が世話する五つのネココロニーは最後の避難所となっている。

「その辺にいる多くの人々が、この目的に賛同する心を持つことを願っています。『トロント動物愛護協会』と『トロントストリートキャッツ』に電話してほしい。その場に行って、どんな状況であっても、ケージを交換し、ネコに餌をやってほしい。ネコたちに手を差し伸べれば、世界はもっと住み良いところになるでしょう[11]」

●C・フランチェスカ

フランチェスカは、ネコの復帰センターになった自宅のガレージで、遺棄され野生化した子ネコたちの順化を専門にしている。問題は、不妊去勢手術をせずに遺棄されたネコはすぐに妊娠することだ。突然、捨てネコ一頭に人間と接触したことがない野生化した子ネコ六頭の面倒を見ることになったとしよう。これらのネコたちは路上で長く生きられないが、人間との接触がないので譲渡は難しいだろう。そこでフランチェスカは、自分のガレージに捨てネコと子ネコたちを受け入れ、生存に必要な世話を満たしたうえで、さらに愛情を注ぎ、順化を始めた。この活動は、ネコたちが路上から温かな家庭での生活に移行するのを非常に容易にした。フランチェスカは、ヨーク地区で多くの野生化ネコを救助し世話をした。彼女は野生化ネコとそれらを世話する人々のために、意識の向上、資金集め、支援を主導する「ヨーク地方野生化ネコのための変革」の一員である。

「人間だけがこの地球に住んでいる生物ではないのだから、これらのネコたちに思いやりを持たなければなりません。私たちはこの地球を共有している。だから私たちは、ともに働き、ベストを尽くさなければなりません[12]」

野放しネコに対する世話人の認識

率直に言って、野放しネコを世話する人々は善意から行っている。彼らは、私たちの多くが無視するか、意図的に冷淡に排除する野放しネコの世話に惜しみなく時間を使い、身銭も切っている。野外ネコの擁護者たちにとって、それぞれのネコ（子ネコ、母ネコ、雄ネコ）の権利は最優先される。擁護者たちは、野外が唯一の選択肢ならば、ネコがそこで生き、できるだけ最善の〝幸福〟を達成するよう望む。彼らは、この問題が人間から始まっていることを認識しており、また私たち人間の一部がネコに与えてきた害を少しでもなくすことを願っている。

ただし残念なことに、野外のネコを擁護する彼らの主張を見渡すと、ネココロニーの世話人と支援団体は、生態系全体の健全さと野生動物の権利をほとんど考慮していない。ネコは生まれつき、日和見的な捕食者である。ほとんどのネコは機会さえあれば、野鳥や他の小動物を殺す。それがそのように進化してきたネコの流儀である。おそらく、こうした機会は一日に一回か週に一回ある程度だろうし、捕食の成功率は四分の一程度にすぎないだろう。しかし、こうしたネコによる死亡数は合計すると年間数十億個体もの両生類、爬虫類、鳥類、そして哺乳類にのぼり、種全体の存続に大きな影響を与えている。

多くのネコ擁護者は、鳥類の個体群にネコが与える被害について積極的に反論するだろう。同様に、野放しネコが他の哺乳類や人間に感染させる病気のことを否定するだろう。しかし、島嶼でネコが及ぼす影響についての証拠と本土におけるネコの影響に関する科学的証拠が出てくるにしたがい、彼らの根拠に乏しく否定的な主張は力を失っている。

第4章　ネコによる大量捕殺の実態

地球の生物資源の喪失が加速するなかで、問題の重要性と問題の深刻さは認識されずにいる。人間は他の生物種を絶滅に追いやりながら、自らもつかまっている枝を、せっせと切り落としている。

ポール・エーリック

野鳥への脅威を初めて世に問うたアメリカ人

エドワード・H・フォーブッシュは、現代の科学者が使える定量化の手法こそ知らなかったが、野放しネコが野鳥へ与える脅威に気づいていた。一八五八年にマサチューセッツ州で生まれ、クインシー、ウェストロックスベリー、そしてウースターの町で育った。年少の頃から多才で情熱的なナチュラリストであり、優れた鳥類学者でもあった。一九世紀中頃のマサチューセッツ東部一帯はまだ鬱蒼とした森林に覆われ、幼いフォーブッシュは豊かな自然に浸って暮らした。一四歳で剝製技術を独学し、一六歳までにウースター自然史学会の鳥類学コレクションの学芸員に任じられていた。

その後、マサチューセッツ・オーデュボン協会を創立し、北東鳥類標識協会（後の野外鳥類学者協会）の初代会長を務め、やがてマサチューセッツ州を代表する鳥類学者になった。彼は『The Birds of

Massachusetts（マサチューセッツ州の鳥類）』の著者として最もよく知られているだろう。三巻からなるこの本は、完成に四年の歳月を要し、亡くなる一九二九年に完成した。この本は今日でもニューイングランド地方の鳥類に関する極めて価値ある著作と評される。

鋭い観察者であったフォーブッシュは、野鳥への脅威を記録することで、鳥類学者としての責任の一つを果たすことになった。彼は一九一六年に『The Domestic Cat: Bird Killer, Mouser and Destroyer of Wildlife; Means of Utilizing and Controlling It（イエネコ：野鳥の殺し屋、ネズミ捕り、そして野生動物の殺戮者、その利用と制御の方法）』と題するイエネコに関する一一二頁の総説論文を著した。フォーブッシュは、この論文の巻頭言で執筆の動機を次のように述べている。

イエネコの価値あるいは無用さについての議論と、多かれ少なかれ見過ごせない屋外でのネコの行動を制限することにまつわる問題は、多くの意見衝突を引き起こしている。そしてこの論争は今や深刻な様相を呈している。医療関係者、狩猟鳥獣保護官、野鳥愛好家は、ネコを取り締まる法律の制定を立法者に迫り、他方、熱烈な愛猫家がこれに対抗して闘うために立ち上がる。互いへの対抗心によって興奮が高まるなか、いい加減で無思慮な意見が数多く表明されている。最近見られるネコの規制強化派と愛護派双方の粗雑な主張には、何一つ事実に基づかない類のものまである。野鳥の天敵に関する私の一連の研究論文は、これまで両陣営にあまりに多く誤った引用をされてきたので、ネコとその友人たち、そしてその反対者や私自身が公平に評されるには、イエネコの実用的な役割と管理方法について、事実を丁寧に集めて発表していくのが最良と考える次第である。[1]

当時、アメリカ北東部のほとんどの都市や町にはネコが溢れていた。この問題を明示するために、フォーブッシュは、ボストン動物救済連盟とニューヨークに本拠地を置く動物虐待防止協会（ＳＰＣＡ）が、人道的配慮の下に殺処分したネコの頭数に関する統計データを収集した。ボストンでは一〇年間で二一万頭のネコが殺処分され、多いときには一日に二六九頭の成獣と子ネコが安楽殺処分されたこともあった。ニューヨークでも一〇年間余りの年平均殺処分数は一万六四〇〇頭に及んでいた。そして一九一一年には、これらの数をはるかに超えてしまい、ニューヨークのＳＰＣＡは三〇万頭以上のネコを殺処分するに至った。

どちらの都市でも、安楽殺処分されたのは大部分が家庭から持ち込まれたネコで、野良ネコではなかった。従って、これらの統計値は、必ずしも野外の環境にいるネコの数を反映してはいなかった。フォーブッシュは背後にある大きな問題に直面することになった。彼は次のように続ける。

ネコは森林や開けた土地あるいは農地に広範囲に生息し、そこで野鳥を殺戮しており、ほとんどの人々がうすうす感じているよりも、事態ははるかに深刻になっている。このことは人類の福祉にとって大きな影響を及ぼすため、ただ放置して済ませられる問題ではない。[2]

フォーブッシュは、地球上で過去に五回起きた大量絶滅についてほとんど何も知らなかっただろうし、六番目の大量絶滅のただ中にいることを認識していなかったのも確実である。しかし、彼の観察は将来を十分予見していた。

フォーブッシュが理解していたのは、ネコがある種の疫病のようにニューイングランド地方全域に広がり、膨大な数の野鳥や哺乳類を食いあさっていることだった。フォーブッシュはネコが拡散させる病気、特に狂犬病についても書いている（第5章参照）。彼の総説論文の大部分は、しかし、ネコが環境にもたらす直接的な影響、とりわけ鳥類の捕食に焦点を当てた内容だった。彼はニューイングランド地方の全域で調査を行い、観察事例を収集した。そして、こうした情報を用いて、単純なモデルに基づき、より大きなスケールで見たネコの影響を推し量った。聞き取りをした人々から得た意見には次のようなものもある。

●「うちのネコは決して野鳥を捕まえたりしない」と誰かが言っても、私は疑ってかかる。木の幹に、臭いタールを塗ったり、金網や他の防御手段を講じても、たった一頭の敏捷な母ネコが果樹園のほぼすべてのコマツグミの巣の中身を、たった一シーズンで平らげるのを目撃したからだ。
●グレアム・フォージィ氏は飼いネコがおおむね一日に三羽の野鳥を殺すと断言する。
●知り合いのある女性は、飼いネコをとても自慢に思っている。というのは、狩りの名手で、例えば一〇月には二日間で一二羽の野鳥を捕ったからである。そのほとんどがアメリカ固有種のキヅタアメリカムシクイだった。
●ボストン在住のチャールス・クロフォード・ゴースト氏によれば、友人の飼いネコは子ネコの足元に朝食として一四羽もの野鳥を並べたそうだ[3]。

フォーブッシュは著作の中に好んで引用や逸話を盛り込んだ。それらはきりがなく続き、そして、そのいずれも同じことを言い表していた。彼はマサチューセッツ州でネコが年間に殺す野鳥の数を探り当てたかった。全調査対象者から得た情報と記録を総合して、彼は一頭のネコが一年間に一〇羽の野鳥を殺し、一つの農場には平均二頭のネコがいると推定した。この推定に基づき、マサチューセッツ州では一九一六年に約七〇万羽の野鳥が殺されたと算出した。フォーブッシュはこれを過小評価と考えたが、彼に反対する者たちはこれを過大評価とみなした。フォーブッシュの同僚のジョージ・フィールド博士は別な計算方法を編み出した。フィールドは、マサチューセッツ州の四〇ヘクタールごとに少なくとも一頭の野良ネコがいて、一〇日に平均一羽の割合で野鳥を殺すと推定した。この計算式では州全体で年に二〇〇万羽の野鳥が殺される勘定になった。

ニューヨーク州とイリノイ州の科学者は、利用できる最良のデータでそれぞれに独自の計算を行った。その結果、ネコが殺した野鳥の数はニューヨーク州で三五〇万羽、イリノイ州で二五一万羽という数値がはじき出された。

フォーブッシュは一九一六年の総説論文で次のように結論づけた。「ネコは、ここマサチューセッツ州では屋外にいる必要がない外来動物である。ネコは、生物学的な均衡を攪乱し続け、在来の鳥獣類に破壊的ともいえる脅威となっている[4]」

ナチュラリスト大統領の自然保護政策

フォーブッシュがネコの総説論文を発表したその年は、野鳥の保護に大きな変革が起きた年でもあった。セオドア・ルーズベルトが大統領として連続の任期（一九〇一～〇九）を終えてからまだ一〇年も経っていなかった。ルーズベルトは強大な力を持つ大統領として、生物種を生息地ごと保護するために、余りある情熱を注ぎ献身することに努力を惜しまなかった。まさにフォーブッシュのようにルーズベルト自身もまた、生涯にわたり野外活動に飽くなき好奇心を持ち続けたナチュラリストの一人だった。

ルーズベルトは大型哺乳類に精通すると同時に、優れたアマチュア鳥類学者であり、鳥類を保護するのに何が問題かを敏感に嗅ぎ分けていた。彼はホワイトハウスの敷地やその周辺で目にする鳥類リストを作り、数多くの野鳥や哺乳類を収集して、標本を作製した（現在、スミソニアン国立自然史博物館には野鳥二八一羽と哺乳類三六一頭の剝製標本が収蔵されている）。ルーズベルト大統領が敬愛した父親のセオドア・ルーズベルト・シニアは熱心な篤志家であり、ニューヨーク自然史博物館の創設者の一人でもあった。大統領は在任中に傑出した公権力を駆使して、国有林地一五〇ヶ所、連邦初の鳥類保護区五一ヶ所、国立公園五ヶ所と、これも初となる連邦狩猟区四ヶ所を創設して自然地を守り、その総面積は実に約九三万平方キロにも及んだ。

ルーズベルトは、一八〇〇年代半ばに起きたオオウミガラスやカササギガモのような生物種の絶滅についても聞き及んでおり、アメリカバイソン、リョコウバト、カロライナインコの終焉は直接目の当たりにしていた（後の二種は一九一四年と一九一八年に絶滅）。ルーズベルトの親友で、アメリカ鳥学会の長老フランク・チャップマンは、フロリダ州と周りの南部諸州で起こったアオサギ類やシラサギ類、トキ類などの水鳥の大量虐殺と、その目的が主に女性の帽子を飾るためだったことを、しっかりとルーズベルトに認識させた。すでに多くの野鳥の生息数は減少し、危険なまでに少数になっていた。歴史家ダグラス・ブリンクリーは、その著作であるルーズベルトの伝記『Wilderness Warrior : Theodore Roosevelt and the Crusade for America（大自然の闘士：セオドア・ルーズベルトとアメリカ十字軍）』の中で、水鳥類の保護問題に関するルーズベルトの気持ちを次のように表現している。「アオサギやシラサギ、トキのような鳥たちが、ルーズベルトをとりわけ魅了した。大統領として彼は、こうしたフロリダの魅力的な動物を一羽でも殺すことは連邦レベルの犯罪だと強調した[5]」

ルーズベルトは大統領の任期中に、自然保護の命運を握る歴史的ともいえる山場で、アメリカにおける野生動物保護の金字塔を打ち立てたといえるだろう。ジョージ・バード・グリネル、ジョン・ミューア、ギフォード・ピンショー（アメリカ森林管理部門の初代長官に抜擢され、一九〇五～一〇年在任）といった友人らとの緊密な関係が、ルーズベルトの自然保護の方向性に深く影響した。

大統領の二期目の最後にあたる一九〇九年に、ワシントンDCで北米生態系保全会議が開催され、ルーズベルトの要請を受けて、カナダ、ニューファンドランド、メキシコからの代表者がこの会議に出席した。ルーズベルトは、各国共通に生息する渡り鳥の減少の意味を理解していたと思われる。会議の終了までに、各国からのメンバーを含む恒久的な保護委員会が設置された。これがアメリカと、（カナダを代表する）イギリスとの間で渡り鳥保護のための正式合意を導き出すことになり、「渡り鳥条約」と呼ばれる国際条約が一九一六年八月一六日に署名された。そして二年後の一九一八年にアメリカ連邦議会はこの条約の義務を履行する渡り鳥条約法（ＭＢＴＡ）を施行した。

法律と現状のミスマッチ

渡り鳥条約法は、次に掲げる行為を違法とする根拠となる。すなわち「渡り鳥条約法の条項に含まれるすべての渡り鳥および、その体の一部や巣あるいは卵について、いかなるとき、いかなる手段であっても、追跡・狩猟・採集・捕獲・殺害すること、採集・捕獲・殺害の試み、所有、販売申し出、販売、購入申し出、購入、出荷のための供給、出荷、運送のための供給、運送および運送の手配、移送、あらゆる方法による運搬手配、出荷物の受領、輸送または運搬、輸出すること」である。渡り鳥条約法は今日でも八〇〇種の野鳥を保護しており、これまで成立した法律のなかで鳥類保護史上おそらくは最も重要な法律といえる。

渡り鳥条約法は羽毛採取目的や食用目的の過度な捕獲から、幾種もの水鳥を救うのに効果を発揮したが、ネコから野鳥を守る法的手段としてはいまだに機能していない（第6章で再び扱う）。このことが、アオサギ類やシラサギ類などの野鳥を狩猟する人間に対する以上に、多くの小鳥類や注目されにくい鳥類（や哺乳類）を狩り、脅威を与え続けるネコを見るにつけ、フォーブッシュの怒りをつのらせていったのだろうと思われる。こうした野生動物もまた連邦政府の保護が必要だったからだ。

今日、多くの水鳥が繁栄している。アオサギ類やシラサギ類、ガンカモ類や他の多くの野鳥が、渡り鳥条約法や他のいくつかの鍵となる法律（例えば、北米湿地保護法）や、「ダックス・アンリミテッド」

のようなガンカモ類狩猟者の利益を代表する影響力のある団体の活動から恩恵を受けてきたのは明らかである。渡り鳥条約法はある分類群の野鳥の保護には機能したが、それ以外のすべて、とりわけ狩猟鳥以外の野鳥の保護には役立たなかったように見える。政府、学術機関、非営利団体が共同で大規模に行い、『The State of the Birds 2014（二〇一四年の鳥類の生息状態）』に発表された生息数動向に関する最近の分析では、湿地の健全度指標とされる湿地鳥類の生息数は、一九六八年以来三七パーセント増加したことが確認された。

しかし、草原の指標鳥は四〇パーセント以上も減少し、シロハラツメナガホオジロ、ヤブタヒバリを含む何種かは一九六八年以来、生息数が七五パーセント以上も減少した。さらに東部の森林指標鳥は平均三二パーセント以上減少し、ミズイロアメリカムシクイやホイップアーウィルヨタカのような何種もの野鳥の生息数がそれぞれ七五パーセント以上も減少した。クロムクドリモドキ、アメリカヨタカ、エントツアマツバメのような、かつてはどこにでもいた野鳥ですら、次々に私たちの目の前から姿を消しつつある。また、シギ・チドリ類や海鳥類、ハワイ州のすべての固有鳥が急速に数を減らしている。全体として、北米の鳥の三分の一以上（二三三種）が一九七〇年前後を境に大幅に減少してきた。

野鳥の生息数が減少し続けて四五年を経た今、現行の法的手段が欠陥を持つのは明らかなように見える。苦悩がさらに深まるのは、モニタリングが行われてきた地球上のどこでも、こうした減少がよく似たパターンで起こっている事実である。例えばイギリスでも、森林の鳥類、農耕地の鳥類、海鳥類が、渡り鳥であろうが留鳥だろうが、記録される生息数が年々減り続け、アメリカで報じられたような低下に似た傾向を示している。ルーズベルトがもし今日生きていたならば、国内外での鳥類のこれほどまでの減少を「人道に敵対する大罪」と断言しただろうことは疑うべくもない。

生物種が絶滅に至る前に生息数を減らすことに気づくのに、なにもノーベル賞受賞者や大統領（あるいはルーズベルトのようにその両方）である必要はない。多くの野鳥でこうした急激な数の低下が認められる事実は、私たちが監視すらもしていない他の動植物種でも同様に低下している可能性が高いことを意味する。低下が一気に絶滅に転ずることは十分に起こりうる。進化に何万年もの歳月を要する生物種が、わずか五〇年、あるいはスチーフンイワサザイで実際に起きたように、もっと短期間に絶滅することさえありうる。

減少する個体群では最終的に、仲間が互いを見つけ出すのが困難になる。たとえ運よく繁殖相手を見つけても、集団を維持または増加させるのに十分な数のヒナを生産することができない。さらに首尾よく繁殖できても、残った個体の一羽一羽は近交系であることが多く、遺伝的多様性が著しく低下している。そのために子孫に有害な突然変異がより高頻度に起こる。そしてその生物種が将来の環境圧力（例えば、生息地の喪失や新たな病気）をしのげる可能性は低くなる。ソウゲンライチョウ、アメリカシロヅル、ハワイガラス、ピューマの亜種フロリダパンサーは、いずれも個体群のボトルネック（すなわち小個体群サイズ）を経験した動物種（あるいは亜種）であり、現在、繁殖成功率の低下と異常の発生率が高い。これらの動物は今はまだ生き残ってはいるが、今後どれだけ長く地球上に棲み続けられるか、誰にもわからない。

鳥類保護に立ち塞がる困難

二一世紀における私たちの最大の挑戦の一つは、非常に多くの生物種の減少と起こりうる絶滅を、食い止め回復させることだろう。鳥類の絶滅を食い止める課題の一つは、一羽一羽の鳥がどこでどのように死ぬかを突き止める、いわば飛行機のブラックボックスに相当する検出手段を私たちが手にしていないことにある。問題は時にはっきりしていて、例えば一九〇〇年代初期、何種かの水鳥は膨大な数が猟銃で射殺されて乱獲された。人々はダイサギのような大型で人気を博する鳥が次々に姿を消すのを目撃でき、その原因と結果は比較的明白であり、減少を食い止める行動を促すのに、あまり多くの情報は要らなかった。二〇世紀半ばのハヤブサ、カッショクペリカン、ハクトウワシでは問題の核心はそれほど明確ではなかったものの、生息数が急減すると法的措置が講じられた。殺虫剤のDDTが原因とわかると、使用の抑制措置が(ゆっくりだが)取られて、生息数は回復した。どちらの場合も、彼らを消し去ろうとする要因が一つだったために、生物種は立ち直れた。自然はチャンスが与えられると回復する力を持つ。つまり、いったん脅威となるものが取り除かれると、多くの場合、生物の生息数はもとの状態に戻る。

私たちは、人間の活動が鳥類の減少の大きな原因であると認識している。生息地の喪失、気候変動、農薬、巨大構造物への衝突も、ネコによる捕食同様に、すべてが野鳥の死亡原因となり、鳥類を減少に向かわせる役割をさまざまな程度に果たす。こうした脅威(または死亡要因)がもたらす影響は、多くの場合、間接的でしかもゆっくりと起こる。例えば生息地の破壊や気候変動は、後の季節の繁殖成功に影響を与えることになるだろう。これらの脅威は相互に作用し合うことで、ある生物種は一つ以上の脅威の影響を受け、複数の脅威の影響が蓄積していく。

例えば、ニューハンプシャー州のカマドムシクイの繁殖個体群に着目しよう。この鳥はアメリカムシクイ科の小型鳴禽類である。彼らの一年の生活は、五~七月に繁殖地となるニューハンプシャー州から、一〇~翌四月に越冬地のキューバとドミニカ共和国にまで面的に拡大する。死は、繁殖地や越冬地で、あるいは約一ヶ月を費やす長距離渡りの途中でも、それぞれの個体群を構成する一羽一羽の個体に訪れうる。このような広い時空間で生活するすべての鳥類（北米の大部分の鳥類〔七五パーセント以上〕は渡り性！）にとっての、例えば野放しネコのような一つの死因の相対的な影響の大きさを正確に見極めるのは難しい。私たちは、鳥が繁殖地にいる間に個体数を数え生息数の減少を検出するが、死亡は一年のいつの時点でも起こりうる。小型・中型鳥類（例えばスズメ）が野外で死ぬと、たいていの場合、数時間以内に死体が消え失せてしまうために、死亡に至る因果関係の謎解きはさらに困難になる。捕食者に捕まると、死は瞬時に訪れ、普通すばやく食い尽くされる。後に残るのはたった一握りの羽毛である。だから野外で実際に動物の死を目撃する人はほとんどいない。

野鳥個体群の変動とネコの捕食の影響

ネコが鳥類や小型哺乳類を殺すという事実それ自体は目新しいニュースではない（図4-1）。挑戦に値する難問であり、野外の環境にいるネコを私たちが許容するかどうかを決める確固たる基準となるの

図 4-1　クロズキンアメリカムシクイを捕獲したネコ（Shutterstock）

は、ネコがある動物種の単なる個体ではなく、その個体が属する個体群に影響を及ぼすかどうかである。自然の個体群が年ごとに変動しながらも長期的に安定し続けるためには、ある一定数が維持されなければならない。自然に変動する野生動物個体群に及ぼすネコの影響の大きさを、どのように評価できるだろうか？

この評価には、ネコの捕食による死亡が「代償的」、つまり疾病や飢餓といった他の原因による死亡に置き代わりうるものか、あるいは「付加的」、すなわちネコの捕食による死亡が他の要因で起こる死亡に上乗せされるのか、を理解することが必要である。ネコが引き起こす動物の死亡は「代償的」、つまりネコに殺される動物たちはいずれにしろ死ぬ運命にあり、心配すべきではないと主張する人もいる。しかし、ネコによる動物の死亡の増加がもし「付加的」であれば、安定した個体群は減少に向かい、すでに減少している個体群は、さらに速度を増して数を減らすだろう。

国や州を単位とするような広い地域で、特定の死亡事象が代償的か、あるいは付加的かを実証するのは非常に難しい。ましてや、すべての死亡事例を辿り、個体群内で起こる一つひとつの出来事の因果関係を調べるのは、まったく不可能である。渡り鳥の個体群内での死亡の起こり方を追跡することは、さらに複雑なものになる。ほとんどの場合、特定の地域で繁殖する鳥がどこで越冬するか、また特定の地域の冬鳥が夏にどこで繁殖しているかはわかっていない。カマドムシクイのような北方への渡り鳥が、春、ニュージャージー州ケープメイの森の茂みで翼を休めてエネルギー補給をするときにネコに殺されたとしても、その個体がやがて合流するはずの繁殖個体群や、その個体がやってきた越冬個体群を私たちは知るすべもない。このことこそが個体群内のプロセスに及ぼすネコの影響を理解するのを困難にする。

しかし、より大きな規模での個体数減少を明らかにできる、地域単位での生残率や繁殖率といった数値を含め、ネコが個体群の重要なプロセスに及ぼす影響がどれほどのものかを評価する方法はいくつかある。

イギリスには推定で現在八一〇万頭のイエネコが生息し、アラバマ州に相当する面積〔訳注：約一三万六〇〇〇平方キロで、イギリス国土の五六パーセント相当のエリア〕にとりわけ高密度に生息している。これらのネコのほとんどに飼い主がいる。イギリス国民は全般に自然愛好家が多く、事実、全米オーデュボン協会にあたるイギリス王立鳥類保護協会（ＲＳＰＢ）は一〇〇万人を超える会員を有している。しかしイギリス国民はネコを屋外に出す習慣があり、このＲＳＰＢでさえ、野放しネコは何ら問題を引き起こさず、野鳥へのネコの影響は代償的な死亡をもたらす程度と述べる記事まで、協会のウェブサイトに掲載している。

ピーター・チャーチャーとジョン・ロートンは、特定の死因が及ぼす個体群への影響が、付加的か代償的かを実証するのは難しいが、やり甲斐があるテーマだと気づいた。そこで、ロンドンの北約一〇〇キロにあるベッドフォードシャー州のフェルマーシャムという小さな村で、この問題に焦点を明確に絞った研究を開始した。彼らは一九八一年に一年を通して、七〇頭のネコ一頭ずつが家に持ち帰る獲物を調査した。ネコは合計で一〇九〇個体の獲物を家に運んだ。犠牲となったのは哺乳類五三五頭と野鳥二九七羽、他に同定できない二五八個体の動物だった。このうちイギリスとヨーロッパの在来の留鳥であるイエスズメが、全死亡個体の一六パーセントを占めていた。チャーチャーとロートンは同時に、ネコを追跡したのと同じ地域で、イエスズメの生息数も推計した。これにより、イエスズメ個体群に対するネコの具体的な影響の大きさを、両種の生息域が重なる地域で測定できた。

その結果、イエスズメの年間の死亡に占めるネコの捕食割合は、最低でも三〇パーセント、最大では五〇パーセントにもなると推定された。これらの数字は、ネコがイエスズメ個体群に重大な捕食圧を与えており、本来の死亡レベルに捕食が「付加的」な意味を持つことを示した。一九九四～二〇〇四年の間に、イギリスではイエスズメが六〇パーセント以上減少した。最近の実験的証拠でヒナの食物の制約が主要な減少要因であると示唆されたが、チャーチャーとロートンの研究結果を見れば、ネコによる捕食もイエスズメの減少に大きく影響しているとあわせて考えるのは、拡大解釈とは言えないだろう。

ネコの脅威は在来捕食者を超える

ネコによる野生動物への死亡の影響を理解するために、必ずしも付加的か代償的かという対立の枠組みを研究に持ち込む必要はない。一九九九年のケビン・クルックスとマイケル・ソレーの研究は、ネコが鳴禽類の個体群の縮小と地域的絶滅をどのように引き起こすかについて、もう一つの明確な実例を提供している。

二人は、さまざまな規模で開発が進み、在来植生の海岸セージ低木林が際立って断片化したカリフォルニア南部で研究を行った。生息地の分断化は、いくつかの生息地パッチからコヨーテを追いやったが、コヨーテが比較的温存された生息地パッチも残っていた。このような生息地パッチの有り様は、「中間捕食者の解放仮説」と呼ばれる興味深い仮説を検証するのを可能にした。この仮説は、コヨーテのような大型捕食者がいなくなると、結果としてアライグマやオポッサム、ネコのような中型の捕食動物である中間捕食者の個体数が増加することを予測する。さらに、これらの中間捕食者は一般に鳴禽類をより多く捕食するので、鳥類やその他の小型の獲物の減少や地域絶滅を引き起こすことも予見する。

この予測どおりに、コヨーテのいない生息地パッチでは、ネコとアライグマの数が増えて、鳥類の生息数と多様性が減少した。同様に、コヨーテのいる生息地パッチでは、コヨーテの数が多いほど中間捕食者が減り、鳥類は多様性が高く生息数も多かった。言い換えれば、生息地に関係する他の要因よりも、コヨーテとネコの生息数が、鳥類の数と多様性をより高精度に予測できることが示された。クルックスとソレーは、分断化された生息地にネコがいると、コヨーテはネコを捕食することも証明した。ネコの残渣がコヨーテの糞の全サンプル数の二一パーセントで出現したのだ。ノースカロライナ州に拠点を置く動物学者ローランド・ケイズらが最近独自に行った研究から、コヨーテがいかにネコを好んで捕食するかが示された。アメリカ東海岸六州にある三二ヶ所の森林保護地域で市民科学者が稼動させるカメラトラップを使って、ケイズらはコヨーテがいるときにはネコはいなくなり、コヨーテがいないときにはネコがいることを発見した。

クルックスとソレーの研究でさらに注目に値する成果が得られた。彼らは、ネコという肉食獣が人間から給餌補助される捕食者であるために、ネコの捕食は、自然界で起こる捕食をはるかに上回って野生動物に影響を及ぼしうることを実証した。孤立林に接する家屋の住民は平均一・七頭のネコを飼っており、この飼い主の七七パーセントが屋外にネコを放し、そのネコの八四パーセントは殺した獲物を家に持ち帰ってきた。さらに、野鳥を殺しているネコは、ほどほどの広さの孤立林（約二〇ヘクタール）ごとに約三四頭ほど生息すると推計された。これとは対照的に、アライグマ、スカンク、コヨーテなどの在来捕食者の生息数は、孤立林ごとに一〜二ペアを超えることはなかった。

野鳥がいなくなり、さらに獲物が乏しくなったときでさえ、孤立林になぜそんなに多くのネコがいるのだろうか？　明らかなのは、ネコは食べるために殺しているのではないことである。飼い主のいるネコ（およびコロニーネコ）は給餌されているので、生きていけるかどうかは、ネコが集められる食物量で決まるのではない。なぜなら、狩りの前にフリスキービュッフェのツナ缶を家で振る舞われているからである。家での給餌こそが、野放しネコが在来捕食者の密度や生息地の環境収容力を大きく超えて、その場所に生息し続ける理由である。その結果、ネコの脅威はどんな在来捕食者の脅威よりも強大になりうる。地域や地方の空間スケールでのネコによる鳥類と小型哺乳類の捕食率に関する研究は、カンムリウズラ、オオムジツグミモドキ、ネコマネドリ、マネシツグミ、クロジョウビタキ、モリアカネズミ、カヤネズミ類など、さまざまな動物について今日、十分に行われている。

捕食者が生息地にいることそのものが、被食動物に影響を及ぼすことがある。例えば、イギリスのシェフィールド大学・動植物科学科のコリン・ボニントンと共同研究者らは、ネコが鳥の巣近くにいると、その個々の鳥や繁殖集団全体に間接的かつ致死に近い影響を及ぼすと予想した。彼らは過去の研究を通して、捕食者が被食者の行動を変えることで、被食者個体群が影響を受けることを知っていた。そうした影響は多くの捕食者―被食者システムでごく普通に見られる。このような致死に近い効果は、動物の繁殖成功に影響を及ぼす生息地の利用を変化させたり、巣に対する親の世話の頻度を低下させたりして動物の個体群を小さくする。

ボニントンらは、二〇一〇年と二〇一一年の繁殖期にシェフィールドの郊外で親の世話に関する捕食者の間接効果を検証した。彼らはクロウタドリの巣を見つけ、巣の一・八メートル以内に、ネコ、リス、ウサギの剝製をどれか一つ置いた。剝製は一五分だけ設置し、撤去後に、抱卵の再開か給餌のどちらかで親鳥が巣に戻る速さを測定した。結果は明白であった。剝製ネコに対する親鳥の反応は、剝製のウサギとリスに対する反応に比べて、警戒の鳴き声を大幅に増やし、給餌率を最大三分の一ほど減らした。さらに、剝製ネコの場合、ウサギやリスと比較して、親鳥が在巣割合を下げたため、有意に多くのヒナが捕食者に喰われてしまった。巣での捕食率の変化は、すなわち個体群の増減の主要因になりうる。

野放しネコの直接的影響

ネコが、局所規模での直接的死亡や生死に関わる間接的影響など、さまざまなやり方で、鳥類と哺乳類の行動と個体群へ影響を与えることは明白である。すでに論じたように、広域的に見たネコの影響——とりわけ広域に生息する動物の個体群の減少にどう関与したか——を理解するのは、たやすいことではない。とはいっても、局所的な影響は、結局のところ広域的な影響へと蓄積していくことから、ネコが鳥類と哺乳類の個体群にインパクトを与えるという明確なメッセージとなる。それでは、アメリカ全土のような、さらに大きな空間におけるネコによる野生動物の死亡数は、推計できるだろうか？

もう一度、統計モデリングに立ち戻ってみよう。まず最初に、ネコが家に運ぶ野鳥の死体（まだ食い尽くされていない場合）を実際に数える。この数え上げは、ネコによる捕食の相対的な重要度について重要な洞察を与えてくれる。これまで個別に実施され、少なくとも五五件の査読を経た研究論文で、飼い主の有無を問わず野放し状態のネコが殺す両生類、爬虫類、鳥類、哺乳類の数が定量化されている。

そのうち、非常に高い死亡数が推定された研究や、調査対象となったネコの数が一〇頭以下の小サンプル研究、操作実験による研究、捕食事例を記憶で答えさせるアンケート調査のような研究を除いた一七件の研究から、スコット・ロス、トム・ウィル、ピーター・マラは、飼い主のいる野放しネコが年一頭当たり最少で一・一四羽、最多では三三・一八羽の野鳥を家に運んだことを見出した。この数値は、その昔にフォーブッシュがマサチューセッツ州で飼いネコが年間推定約一〇羽の野鳥を家に運んだとした当時の研究結果と、さほど違わない。一方、飼い主がいないネコに殺される野鳥に関する一九件の公

図 4-2　発信機付き首輪を装着した調査ネコ。野外で放し飼いされる飼いネコの捕食状況をローランド・ケイズとアミエル・ドゥワンが 2004 年に調査した（ローランド・ケイズ氏提供）

表論文からは、捕食数が年一頭当たり三〇・〇～四七・六羽であることがわかった。哺乳類に対する一頭当たりの年間捕食数は、飼い主のいる野放しネコでは八・七～二一・八頭、飼い主のいないネコでは一七七・三～二九九・五頭と推計された。

ネコは殺したすべての獲物を持ち帰るわけではないので、ここに現れた数字が過小評価なのははっきりしている。事実二つの研究からネコが獲物の一部を隠すことが確認されている。ローランド・ケイズとアミエル・ドゥワンは、二〇〇四年、ニューヨークのオールバニ市周辺の一一頭の飼いネコに、発信機付きの首輪を付け、飼い主にはネコが持ち帰ったすべての獲物を保存するように依頼して、被害動物の正確な種同定を行った（図 4-2）。二人はまた、実際の獲物の量を知るために、野外でネコの集中的な観察も行った。その結果、ネコは月に一・七個体の獲物を家に運んだが、実際にはその三倍以上に当たる月に五・五個体の動物を殺していたことがわかった。

この研究から約一〇年後に、ジョージア大学の大学院生ケリー・アン・ロイドは、同じ問題についての別な調査で、新たに「キティーカム」を投入した。この新兵器は、ネコの首にぶら下げる小型ビデオカメラであり、最長で一〇日間の記録を取る。ネコの飼い主には一日の終わりに飼いネコの首からビデオカメラを取り外してデータをダウンロードし、キティーカムのバッテリーを充電してもらった。ロイドは一年間にわたり五五頭のネコから映像データを収集した。ビデオの映像を解析すると、四四パーセントのネコ（およそ二二頭）が野生動物を捕り、実際に殺した動物の二五パーセント未満しか家に運び込まなかったことがわかった。これらの二つの研究は、飼い主のいるネコが家に運ぶ獲物に関するデータは、実際にネコが殺す獲物数を大幅に過小評価していることを示している。

ある時間内にネコが殺す動物数を推定でき、さらに狩りをするネコの数がわかれば（フォーブッシュが一九一六年にマサチューセッツ州で、また、テンプルが一九八六年にウィスコンシン州で調べたように）、知りたいと思うスケールで、ネコが殺す動物の総数を推定できる。一九九一年に、自然保護論者で鳥類学の研究者であるリッチ・ストールカップはこうした集計を行った。彼はカリフォルニア州オークランド出身の伝説的なバードウオッチャーであり、万能のナチュラリストでもあった。一九六五年に有名なポイントレイズ鳥類観測所（PRBO、現ポイントブルー保全科学）を共同設立し、また人間に自然を近づける不思議な能力を持つことでも有名だった。その生涯を通じて、ストールカップは数冊の本と、ポイントレイズ鳥類観測所の季刊誌『フォーカス』のコラムに七五本の記事を執筆し続けた。

テンプルがウィスコンシン州のネコに関する推計を行ったのとちょうど同じ一九九一年にストールカップが発表したコラムの一つに大きな注目が集まった。それは次のようなタイトルであった。『Cats：A Heavy Toll on Songbirds. A Reversible Catastrophe（ネコ：鳴禽類への深刻な害。取り返しのつく大惨事）』。これは、大雑把な計算ではあったが、アメリカ全体で飼いネコが殺す野鳥の数を初めて推定したものの一つであった。ストールカップは、あらゆる大陸の鳴禽類がいかに急激に減少してきたか、その原因としての地球温暖化、生息地の喪失、そしてネコについて記述した。彼の主張ははっきりしていた。アメリカ全土でネコが狩る獲物の数は膨大であるが、鳥類が直面する他の多くの脅威と比較すると、ネコの脅威は可逆的、すなわち取り返しがつくというものだった。

ストールカップはモデルを発展させるために簡単な計算を行った。最初に、屋外へ出られる飼いネコ数を見積もる必要があった。彼は、その数を五五〇〇万頭とした『サンフランシスコ・クロニクル』誌一九九〇年三月三日号の推定値を用いた。ストールカップはこの数を低めの値と判断したが、少なくとも多くのネコが屋外に出されないか、野生動物を狩るには年をとり過ぎているか動きがにぶいと仮定して、さらに数値を二〇パーセント下げた。こうして、外に出て狩りができる飼いネコ数を最終的に四四〇〇万頭と見積もり、この四四〇〇万頭の飼いネコによる野鳥の死亡数を推定した。彼は「非常に控えめ」を望んだあまり、一〇頭のネコのうち一頭が一日に一羽の野鳥を殺すと仮定して、アメリカ全土で一日に四四〇万羽、もしくは一年間に一〇億羽をゆうに超える野鳥が飼いネコに殺されていると算出した。しかし、ストールカップのこの数値は過小評価であろう。それは、野生化ネコ、もしくは野放しネコや、飼い主のいないネコがこの推定値には含まれていないためである。

彼は次のように書いている。

これに野生化ネコによる大厄災を加えると、野鳥の被害はどれほどになるのだろうか？　誰にも見当すらつかない。野生化ネコは北米の（砂漠や高山を除く）温暖な地域のどこにでも生息しており、数多くいる地域もある。ネコは元来、夜行性なのに、カリフォルニアの海岸地域を歩くと、日中で一日に一〇〜一五頭見かけることはざらにある。アメリカ全土には確実に何百万、何千万頭がいるだろう。一体、彼らは何を食べているのかというと、野生動物以外にはありえない[6]。

ストールカップのごく大雑把な推定をよそに、一九九〇年代初頭から野鳥観察団体は、はるかに低い数字を支持してきた。フランク・ギルの教科書『鳥類学』の最新版や、フィールドガイド（有名な野鳥観察家で芸術家のデビッド・シブリーの本など）には、毎年ネコが殺す野鳥が数億羽（最多で五億羽）であると載っていた。ストールカップの計算が簡単、単純であったとはいえ、鳥類学者でさえ犠牲数がそんなにも多いとは信じたくなかったかのような数字であった。興味深いことに、ネコが殺している野鳥の数は、たとえ毎年五億羽であっても、ビルや家屋のガラス窓に衝突死する野鳥の年間一〇億羽に次ぐものであった。

野鳥に対するネコの影響の大きさについてもっと理解を深めるためには、最も信頼性の高い科学論文を用いて、これまで取り組まれたことがないアメリカ全土のスケールでの推定が必要であった。二〇一三年までには、数百本もの論文が発表され、より厳密な分析の展開を下支えした。そのような推定には、毎年、野放しネコに殺される野鳥の数についての不確実性（最小および最大死亡数）を組み込むことも必要であった。カリフォルニア州を車で縦断するのにかかるガソリン代といった単純な推定にさえ不確実性が存在することを思い出してほしい。

全米の野放しネコによる野生動物被害数

スコット・ロス、トム・ウィル、ピーター・マラによって二〇一三年に行われた画期的な研究は、まさに簡単なモデリングによる計算であった。ネコによる動物の死亡数を知る目的で開発した彼らの推定方法は、アメリカ本土で人が直接的かつ意図せずに鳥類を死亡させる原因を、より正確に算定する、より大きな取り組みの一部であった。

人為が絡む野鳥の死因は、建物（主に窓）、通信塔、風力発電施設、車両などへの衝突死、電線による感電死、ネコによる捕殺死などがある。既存の数値は検証し、更新する必要があり、ネコでは初めての体系立てた推計が必要であった。ロスらは、モデルに組み込む最適な数字を求めるため、野放しネコが引き起こす両生類、爬虫類、鳥類、哺乳類の死亡数が含まれる科学研究についての既存文献の徹底的なレビューを行った。彼らは何百編もの研究論文を注意深く読み、それらの研究論文のなかから、ネコのサンプル数が最少でも一〇頭で、データ取得に最短でも一ヶ月かけ、温帯域の本土か大きな島（ニュージーランドとイギリス）で実施された研究のみを彼らの分析に用いた。さらに偏りを減らすために、例えば、著しく高い死亡推定値の報告、あるいはネコが捕殺数を減らす可能性のある首輪鈴や胸当てをしていた場合は、最終分析から除外した。
ネコによる野生動物の年間総死亡数を推定する最終モデルは、以前のバージョン（例えばスタンリー・テンプルのモデル）より複雑になったが、依然として明解なものであった。研究者らは最初に、次式で飼いネコによる年死亡数を推定した。

飼いネコによる野生動物の年死亡数（mp）＝npc×pod×pph×ppr×cor

・npcはアメリカ全土の飼いネコ数
・podは屋外に出られる飼いネコの割合
・pphは屋外で野生動物を狩る飼いネコの割合
・pprは飼いネコが屋外で狩る野生動物の年個体数
・corは、飼いネコが獲物の一部だけを飼い主のもとに運ぶ事実をふまえた補正係数

次に、飼い主のいないネコによる野生動物の年死亡数を次式で推定した。

飼い主のいないネコによる野生動物の年死亡数（mf）＝nfc×pfh×fpr

・nfcはアメリカ全土における飼い主のいないネコ（または野放しネコ）頭数
・pfhは野生動物を狩る飼い主のいないネコの割合
・fprは飼い主のいないネコの野生動物年捕殺数

ネコによる野生動物年死亡数は、飼いネコと飼い主のいないネコを合わせた野生動物の年捕殺個体数、すなわち次式となる。

すべてのネコによる野生動物の年捕殺個体数 = mp + mf

ここでロスらがモデルの各数値をどのように算出したか、もう少し詳しく見ることにしよう。まずアメリカには飼いネコが何頭いるのだろうか？

ストールカップが『サンフランシスコ・クロニクル』誌から情報を集めて以来、幸運にもアメリカでの飼いネコ数については、少なくとも二つの推定値が算出されていた。二つの推定値、八六四〇万頭と八一七〇万頭は、それぞれ独立に実施された全国のペット保有者調査で得られたものだった。この飼いネコ数の平均推定値八四〇〇万頭は、ストールカップ（あるいは少なくともクロニクル誌）がちょうど二〇年前に出した数値の二倍近くにあたる。

それでは、これらの飼いネコのどれだけが屋外に出て、そのうちどのくらいが狩りをするのだろうか？　異なる八件の研究に基づき、飼いネコの四〇〜七〇パーセントが屋外に出られる状況にあり、さらに三件の研究が、これらの五〇〜八〇パーセントが実際に狩りをすると示唆していた。飼いネコの年間の野鳥持ち帰り率の推定には一七件の査読論文が使われた。さらにこれらに追加して二六件の研究が、両生類、爬虫類そして哺乳類の死亡率の推定に用いられた。ネコがすべての獲物を家に持ち帰るわけではない事実に基づき、補正係数（一・二〜三・三）がモデルに組み込まれた。飼い主のいないネコについてモデルに当てはめる推定値の計算は多少とも複雑になった。

一方、飼い主のいないネコの生息数の推定値は、いくつかの理由で存在しない。まず、彼らの姿は見つけにくく数えにくい。静かで目立たず、人の注意を意図的に避ける。これらは、すべてのネコ科動物において一貫して進化した行動特性である。別の問題は、ネココロニーを維持する人々は、「管理下コロニー」と呼ぶにもかかわらず、ネコの居場所を報告せず数の記録も残さないことである。飼い主のいないネコの概数としては、二〇〇〇万〜一億二〇〇〇万頭の数値があり、そのなかで最も頻繁に引用されてきたのは、六〇〇〇万〜一億頭という数値である。こうした不確実性ゆえに、ロスらは飼い主のいないネコ数として非常に低い推定値である、最少で三〇〇〇万頭、最多で八〇〇〇万頭という数値を用いた。飼い主のいないネコの研究例では、一〇〇パーセントのネコが狩りをすると報告されているため、このパラメータは八〇〜一〇〇パーセントと設定された。最後に、温帯地域で実施された計四五件の査読論文に基づき、ロスらは飼い主のいないネコは一個体につき年間に両生類一・九〜四・七頭、爬虫類四・二〜一二・四頭、鳥類三〇・〇〜四七・六羽、哺乳類一七七・三〜二九九・五頭を捕殺すると推定した。これらの要素から成るデータが揃えば、野放しネコの脅威の大きさの最終見積もりを出すのは、今やボタンを押すぐらい簡単である。

そして、その通りにボタンが押された。アメリカ全体でネコが殺した動物の数を、利用しうる最良のデータセットを用いて厳密に定量化した人は、過去に誰もいなかった。鳥類以外の動物についてはこれまで推定値すらなく、以前、鳥類で出された被害数も(ストールカップの推定値を除き)数億羽ほどであり、今回提出された数は誰の予想よりもかなり高かった。

ネコによる野生動物の死亡総数は、鳥類では年間一・三億〜四〇億羽（中央値二四億羽）が得られ、飼い主のいないネコが死亡の大半（六九パーセント）を引き起こしていた。ネコに殺される野鳥の多くは幼鳥の可能性が高いが、齢情報や種、性別の詳細は得られていない。哺乳類の死亡数も驚くべきもので、年間六・三億〜二二三億頭（中央値一二三億頭）が野外のネコに殺されていた。両生類と爬虫類の年死亡数も億単位になり、両生類が九五〇〇万〜二・九九億頭、爬虫類が二・五八億〜八・二二億頭だった。非常に控えめに見積もった最小推定値でさえ、過去の数値の二倍となったのだ。

野生動物の死亡数は衝撃的なほど高かったが、分析は理にかなっていた。この結果を発表した論文は、アメリカで最も学識のある科学者たちに審査された。この研究が、カナダで二〇一三年に行われた、人為による野鳥の直接的な死亡に関する同様な分析結果に一致したのは興味深く注目に値する。カナダ全土にいるネコの数はアメリカより少なかったにもかかわらず、ネコはカナダでは中央値で年間二・〇四億羽の野鳥の死亡に関与していた。アメリカ国内と同じくネコが、野鳥における人為が関わる直接的な死亡の最も深刻な原因になっている。

大陸という広大な空間スケールで、ネコによる死亡数が野鳥の個体群にとって付加的なのか代償的なのかを、これらの推定値から正しく判断できるだろうか？　答えはノーである。前に述べた理由で、これらの推定値は広大な空間スケールでの生態情報がまだ不十分で、今後もその状態が続くため、この問いに答えるのは不可能に近い。また、アメリカではほとんどの鳥種の個体群サイズについて信頼性の高い推定値がないためでもある。ましてや小型哺乳類、爬虫類、両生類では、個体群サイズの推定値そのものも存在しない。

しかし、これらの研究から得られた推定値が提供する死亡数の大きさに関する見通しと、（前述のように）小スケールでの個体群の変動過程に及ぼす影響が把握できる多くの地域研究を組み合わせると、野放しネコの生態学的影響についての深刻な懸念が浮かび上がってくる。

嵐の勃発――愛猫家らの反応

ロス、ウィル、マラの論文は、二〇一三年一月二九日に国際的な科学誌『ネイチャーコミュニケーションズ』に掲載された。同日（火曜であった）のニューヨークタイムズ紙がこの話題を取り上げた。科学リポーターのナタリー・アンジェによる「可愛いネコはあなたが思うよりも危険な存在」（ウサギをくわえた飼いネコの写真も掲載）という見出しで始まる記事が、その後の猛烈な嵐を引き起こした。さまざまな科学的知見や解説が、ネコ関係と鳥類学分野の界隈から出され、大衆文化の分野でも広く取り上げられた。アンジェの記事は、その週のニューヨークタイムズのウェブサイトで最も多くの電子メール投稿件数とコメントを集めた。それはアフガニスタン戦争や世界経済、貧困に関する話題よりも世間の注目を集めたことに他ならない。さらに二四時間以内に、ＮＰＲ（全米公共ラジオ局）、ＵＳＡトゥデイ紙、ＢＢＣ、ＣＢＣなどの三〇〇以上の国際メディアがこの話題を取り上げた。つまりウェブサイト上で重複を除いて約六億もの人々が、ネコによる野生動物の推定死亡数は過去に大雑把に出された数よりも三～四倍多いと報じた記事を読んだことになる。

ロスらのこの科学論文は、イエネコを、アメリカで人が関与する野生動物への直接的な脅威の最大のものの一つと位置づけ、同時に、野生鳥獣が風力発電、自動車事故、農薬や毒物、高層ビル、窓ガラスへの衝突や、他のいわゆる人為的な原因の組み合わせで死亡する総数に比べて、ネコに喰われて死ぬ数のほうが多いと、はっきり結論づけるものだった。

『ネイチャーコミュニケーションズ』のロスらの論文は大反響を呼び起こし、前から反目しあっていた愛猫家と愛鳥家を公衆のスポットライトを浴びた議論の場に立たせることになった。戦線は光を放ち、今やはっきりと見えた。ある人々は、ネコを係留するための法律、野良ネコの安楽殺、ネコロニーやTNRプログラム（飼い主のいないネコの捕獲、ワクチン接種、不妊去勢、再放逐）の廃止を支持した。もう一方の人々は、どんなネコでもすべてのネコをあるがままに自由に振る舞わせて、野生動物の捕殺を容認する、いうなればネコ可愛がりを支持した。ニューヨークタイムズ紙のウェブサイトに三日間にわたって投稿された一六九一件のコメントに関して行われた概略調査が、この二極に分かれたネコ問題をあぶり出した。

「ネコは家の中で飼うべきです。屋内で飼うネコは外飼いのネコよりも健康で病気になりにくく、ノミやダニが少なく、またはるかに社交的です。郊外や農村地帯では、ネズミ類やハタネズミ類、モグラ類、ヘビ類、両生類、鳥類は、とりわけネコの捕食から保護されなければなりません。なぜなら在来の野生動物は、在来植物の貴重な花粉媒介者や種子散布者であると同時に、在来の捕食動物が食べる資源でもあるからです……」

「私は一五年間、テキサス州オースティンで野良ネコのコロニーを世話してきました。私がネコの縄張り近くに引っ越して世話を始めたとき、コロニーには三〇～四〇頭近くのネコがいました。私はネコに餌を与え、水場へ近づけるようにしてやり、コロニーのネコすべてを捕獲し不妊去勢をして放しました。雌ネコの不妊が間に合わなかったときには、産まれたどの子ネコにも里親を見つけてやりました。コロニーに来たネコもいれば去っていったネコもいます。一五年後の今では三頭しか残っていません（寂しげな顔）。最古参は九歳で、最近二頭が加わりました。古参ネコは今では私に懐き、これからも外ネコとして暮らし続けるでしょう。新参のネコ二頭は友好的で、これから捕獲して予防接種を受けさせ、コロニーに戻すつもりでいます。死んだ鳥はあまり見かけませんが、死んだネズミ類やヘビ（主にサンゴヘビとガラガラヘビ）は見かけます。TNRは時間とともにきっと機能します。それに、家の近くには何に棲んでほしいですか？　病気を運ぶマウスとラット、あるいは毒ヘビですか？　それとも、あなたに手出しをしない数頭の野良ネコでしょうか？」

「私はネコに好意的なあらゆるコメントに驚かされます。私もネコが好きで、二頭を完全に室内飼いしています。私にわかる限りでは、この子たちは外に出たいとまったく思っていません。絶滅が危惧される在来鳥類は数多く、外来種であるネコによる捕食が部分的には、その原因になっています。ネコは屋外に出すべきではなく、外飼いは終止符を打つべきです。屋外に出すのは無責任であり、いずれもっと多くの在来種を絶滅させることになるでしょう。私は、野放しネコは安楽殺すべきと考えています。私はネコも野鳥も大好きです。だからこそ近所のネコたちが自宅周辺をうろつき、次の獲物を物色するのを見るのは耐えられません」

「ここフロリダでは、私たちは飼いネコをあえて屋外に出して、ラットとマウスを捕らせています。ネコ（名前はラスティ）にはネコ嫌いの人を無視するようにさせています。ネコ嫌いの人たちは、自分たちのネコを、猫砂と爪とぎ棒だけしかない飼育ケージや屋内に閉じ込めています。私はあなたの記事をラスティに読んでやりました。するとラスティは、少しも気を悪くした様子はなく、狩りができないネコは、まるで生より缶詰が好きな人間のようだと呟きました[7]」

第六の大量絶滅

生態学者、鳥類学者、数百万人にのぼる愛鳥家の大多数は、飼い主の有無にかかわらず、屋外のネコを殺戮マシンと見ている。多くの生物学者は、この侵略的外来種による捕食が実際に多くの野鳥と哺乳類の個体群の壊滅的ともいえる減少スパイラルの原因になっていると確信している。一方で飼い主のいないネコの世話をする数万もの善意の人々と、家畜であるイエネコを飼って、屋外に出す数百万にものぼる人々は、全員がネコを知性ある動物として大切に思っている。こうした人たちは、ネコを樹木や雲と同じく秩序ある自然の一要素とみなし、風景の一部としてとらえている。ネコ擁護派の人たちは「私たちの国は動物を愛する人たちの国です。ネコ好きの国でも鳥好きの国でもありません」と語る。しかし、ネコ愛護と野鳥愛護の支援者の間には対立が生じており、愛猫家や愛鳥家が認めようが認めまいが、動物たちにとってその対立は文字通り生死に関わる闘いである。

一歩下がって見渡せば、ネコの影響をとりわけ厄介にしているのは、今日、あらゆる生物種を絶滅や個体数の減少に向かわせるのが、他でもなくさまざまな人間活動だということである。私たち人間は生物種が絶滅に向かう速度を大きく支配している。問題は、生物種がこの惑星から消え去る速度が、自然状態で絶滅が起きる速度（背景絶滅率）よりも、はるかに速いことにある。背景絶滅率は、人間の誕生以前の数百万年間の化石記録の分析で推定されている（推定値は、一〇〇万種・年当たりの絶滅数、つまり絶滅数／一〇〇万種・年で計算される）。基本的に自然の速度では一〇〇万種・年当たりに、おおよそ二つの絶滅が起こると推定されている。別の表現では一万種・一〇〇年当たり二つの絶滅が起こるということである。このことが多くの科学者に、人類のいる時代、すなわち「人新世」が、地球上の生命の歴史における六回目の大量絶滅の時代であると結論づけさせる。

地球上の生命が約三四億年前に始まって以来、五〇億種以上が出現し、ウイルスから恐竜、ネコに至るまで多様な分類群へと進化した。かつて地球に暮らした生物種の九九パーセント以上が今では絶滅している。これらの生物種の絶滅の大部分は、四億五〇〇〇万年前までさかのぼる化石記録に刻まれた、先史時代の五回の顕著で重要な事象が起きた時代に生じたものである。

これらの主要な事象の最初のものは、オルドビス紀と呼ばれる時代の四億四七〇〇万年前に始まった。この時代には既知のすべての生物群が海に出現していたと信じられている。その後、気候が変化し始め、その変化は四〇〇〇万年にわたって続いた。寒冷化が著しく進み、特に南半球では豊かなサンゴ礁とそこに棲むオウムガイ類、三葉虫類、腕脚類などが氷に閉じ込められ、これらや他の大多数の海洋生物種の絶滅を引き起こした。最終的に広大な氷原がゴンドワナ大陸南部全域を覆った（地球史のこの時点では、陸域は南のゴンドワナと北のローラシアの二つの超大陸に分かれていた）。水が氷に閉じ込められると、遠く北方の海面が下がり、水質に化学的な変化が生じた。このことは地球の他の地域で絶滅種を増加させた。最終的に地球上の全生物種の推定七五パーセントが、この期間の気候変動で絶滅した。これが、地球史上で二番目に大規模な絶滅である。

これに続いてさらに四回の大絶滅が起こった。それは、オルドビス紀〜シルル紀絶滅、ペルム紀〜三畳紀絶滅（最大規模）、デボン紀後期絶滅、そして最も新しい白亜紀〜古第三紀絶滅である。この最後の絶滅はわずか六六〇〇万年前に起こった。これらの事象の原因は、地球に衝突した巨大な小惑星、海底からのメタンガスの突然の放出、気候変動、あるいはこれらの組み合わせに至るまでさまざまだった。これはもちろんすべてが学説だが、ほとんどが説得力のある一連の証拠に基づいている。大絶滅そのものは、学説ではなく事実である。もう一つのかなり確かな事実は、当時人類が存在したとしても、これらの壊滅的事象のいずれにおいても、彼らもまた絶滅した可能性が高いということである。

過去の五回の大量絶滅では、地球に衝突した彗星（すいせい）や海底からのメタンガスの噴出などの事象は、どんな生物も手に負えなかった。とてつもない大音響とともに小惑星が衝突したとき、恐竜は自分たちの生活にかまけていた。今回の六回目の大量絶滅では、人口過剰とそのことによる生息地の破壊と気候変動が主要因であることが明らかであるが、要因は他にも存在し、影響が累積して相互に作用しあっている。例えば、過剰な人口は、過剰な漁業や狩猟、さまざまな形の汚染、そして侵略的外来種の拡散と定着を引き起こしている。フェリックス・メディナと彼の同僚によると、とりわけネコは世界中の島嶼で生じた爬虫類、鳥類、哺乳類の種の絶滅の少なくとも一四パーセントに関与した侵略的外来種である（第2章で記述）。

ネコは明らかに影響を与え、その点において六回目の大絶滅の一因になる。ではネコが第一の牽引者だろうか？　答えはノーである。しかし、主力の牽引者だけに焦点を当ててすますことはできない。私たちは絶滅を引き起こすあらゆる要因に、そして管理が可能な要因に対しては確実に、立ち向かわねばならない。仮に私たちが鳥類ではなく人類の福祉について語っていて、人類の第一の死亡原因の解決だけに集中するならば、あらゆるがん、エイズ、飲酒運転、その他の健康疾患や社会的疾患の多くを無視して、心臓病の克服だけに全力を傾注することになる。だがこのやり方はほとんど容認できないだろう。

私たちは、ネコが島嶼や大陸に生息する鳥類や他の小動物に絶滅を引き起こし、重大な影響を与えうることを長年にわたり知っている。さまざまなスケールでネコの影響を記録するために、数え切れないほどの研究が世界中で行われてきた。科学は全体として、ネコが鳥類や他の小動物を大量に殺し、これらの死が個体群のプロセスに影響していることを、揺るぎない確信で結論づけている。ハワイガラスからソコロマネシツグミ、ヒメヌマチウサギ（リストはさらに続く）に至るまで、多くの島嶼で、まだ完全な絶滅には追いやられていないものの、多くの動物種やその亜種の減少にネコが関わってきたことがわかっている。

しかしいまだに多くの人々が、ネコが野生動物に重大な影響を、とりわけ大陸という広大なスケールで及ぼしていることに懐疑的である。こうした懐疑派の人たちは、ネコに結びつけられるような動物種の絶滅例や実証できる個体群の減少すら目撃されていないと異議を唱える。特定の動物種の個体数の減少を大きな空間スケールでネコに結びつけるための情報はまだ完全ではないが、鳥類や他の動物に対するネコの影響を示す情報に関しては明確になっており、それらの情報をモデルに取り入れて分析を行うと、行動を起こすべき必要性が示されてくる。絶滅事象は地球規模の環境の健全性を計測するまさに一つの基準であるという重大な論点によって、行動の必要性が説得力を増してくる。一つの生物種の絶滅、あるいは一つの生物種の総個体数の減少や地域個体群の消失が起きるとき、一つひとつの個体群が提供する重要な生態的機能と生態系が与えてくれるさまざまな恩恵（生態系サービス）を私たちは失っていく。やがて絶滅と減少はすべてが集まって、六回目の大量絶滅を導くことになる。

もし、野外にいるネコが多くの野生動物種の絶滅を加速させているのがそれほど悪いことではないとするならば、次章では、彼らが人間に病気をもたらし、死亡事例も多く引き起こしていることと、それらを強く示す証拠に目を向けていくことにしよう。

第5章　深刻な病気を媒介するネコ――人獣共通感染症

怪物が私たちの体内に潜むと気づいたとき、私たちはベッドの下に怪物を探すのを止めた。

チャールズ・ダーウィン

飼いネコから人に感染するペストの脅威

宿主と病原体の相互作用は、捕食者―被食者間に生じる動力学と同様に、美しく、しかも死に至る危険に満ちたテーマであるため、優れたオーケストラ演奏と凄惨さに助けられてアカデミー賞をさらってゆく。宿主と病原体の関係は、文字通りハリウッド映画が求めるインスピレーションそのものだ。実際ハリウッドは、何百万もの人々の想像力をかき立てて莫大な興行利益を得るために、生物学の領域から数々の着想を得てきた長い歴史を持つ。「恐怖の街」「遊星からの物体X」「コンテイジョン」など、巨大スクリーンを飾った十数本のゾンビ系の映画を思い出してみよう。映画の前提は単純そのものだ。病原性生物が人体に入り、宿主である人間の息の根を止めるか、人間の行動を変えて恐ろしい振る舞いをさせるか。なかには、例えば宇宙からやってきて人の体内に侵入した生物など、度を越したものもあるが、同じように忌まわしい生物は、地球上の私たちの目の前、あるいは目の中に潜んでいるかもしれない（これについては後述する）。

ハリウッド映画のシナリオの多くは絵空事だが、こうしたゾンビ系の映画にはその中核に一つの真実があり、それゆえに私たちは繰り返し劇場に足を運び、手に粘着性の抗菌せっけん液を執拗に吹きつける。私たちの体に侵入する謎の生物の脅威は、宇宙から飛来するのではなく、ひょっとしたら一頭のラットやコウモリ類、鳥類あるいはネコからやってくる。この脅威は、説得力があるというだけでなく、現実のことである。人獣共通感染症（動物原性感染症）は、ウイルス、細菌、原生動物または真菌などの病原性生物が別の動物を介して人体に侵入して引き起こす病気である。長い間、人獣共通感染症は数十億人とはいかないまでも何億人もの人々を死に追いやってきた。

ある朝、目覚めると、脚の付け根かわきの下に血液や膿汁が染み出るリンゴ大の丸い腫れ物ができていたとしよう。やがて黒斑が体全体に広がり、耐えがたいほどの高熱にもだえ、あなたは喀血（かっけつ）し、発症して通常二〜七日以内に死に至ることになる。このような恐ろしい症状を呈する黒死病あるいはペストという人獣共通感染症は、一三〇〇年代初期から中期にかけて中国で発生し、その後ヨーロッパや中東に広がった。この病気は最終的に、当時七五〇〇万〜二億人といわれたヨーロッパと中東の人口の約三分の一を死に追いやった。一九世紀半ばにはペスト大流行が少なくとも一回は、再び中国で始まり、それからサンフランシスコに上陸し、世界中に広がった。現在もアフリカと中国ではペストの発生が定期的に起こり、アメリカでは毎年一〇〜二〇件ほどの症例が見られる。

ペストの病原体はペスト菌という小さな芋形の細菌で、病原体を宿主に転移させる「ベクター（媒介者）」を通じて感染を広げていく。ペストは主にノミ類のベクターに運ばれる。ペスト菌の宿主にはオオスナネズミ、クマネズミ、ジリス、プレーリードッグ、シマリス、マーモットといった二〇〇種以上の小型齧歯類や、他の数種の哺乳類が含まれる。ペストは主に三つの臨床型をとって人で発症する。そのなかで最も一般的なのが腺ペスト、次いで肺ペストで、最もまれなのが血液に感染する敗血症型ペストである。

ネコなど一部の宿主では、細菌が肺に棲みつく傾向が強い。もし肺にペスト菌が入り込めば、ネコは致死性がより高い肺ペストを周囲に蔓延させることになる。いつもというわけではないが、一次宿主から移ってきた感染ノミに噛まれた人（病原体が次の生活型に移行するほんの短期間に限ってペスト菌の侵入を受ける二次宿主に当たる）は、典型的なペストを発症する。また、空気中に出される飛沫を介してネコから人へ、人から人へ感染すると、致死的な肺ペストが発症する。感染した動物の肉を食べてペストにかかることもある（ペルーやエクアドルで食用にされるテンジクネズミを思い起こしてほしい）。感染経路や感染方法が何であれ、二〜七日間の潜伏期間を経て発症し、未治療のまま放置されると、死がすばやく確実に訪れる。治療したとしても、腺ペストでは患者の約五〇パーセントが生き残るものの、肺ペストや敗血症型ペストでは、ほとんどが助からない。

コロラド州チャフィー郡を訪れていた三一歳の男性ジョン・ドゥ（仮名）が、一九九二年八月一九日、訪問先の家の床下に入って、隣家の飼いネコを捕まえようとしたときにペストのことが頭をよぎったとは思えない。チャフィー郡は州の中央に位置する人口密度の低い田舎の山あいの地域である。ネコは外に運び出されて数分後に死んだ。健康に注意すべきその時点では、ジョン・ドゥの身に何も起こらなかった。何日も後にインタビューを受けたネコの飼い主は、ネコに膿瘍(のうよう)、病斑、血痰などの症状があったと語っており、それらすべてはまさにネコがペストに感染したときの症状だった。ジョン・ドゥはアリゾナ州ピマ郡に帰って三日後の八月二二日に腹痛を感じ始めた。翌日彼は嘔吐や下痢を伴って三九度五分近くまで発熱した。彼の容態はさらに悪化して八月二五日に病院に収容され、それから二四時間を待たずに亡くなった。

死後の病理検査で、彼の体から中世のヨーロッパでは黒死病として恐れられ、数百万人をも犠牲にしたのと同じ病原体のペスト菌が検出された。コロラド州の現場となった家屋の周囲で齧歯類とノミの調査が行われ、ペスト陽性反応を示したコロラドシマリスの死体に行き着いた。おそらくこのシマリスこそが、その前の週にネコが狩った獲物と考えられた。ジョン・ドゥは明らかに、ネコを床下から取り出すほんのわずかな時間に、ネコの吐く息に含まれる飛沫が体内に入るのに十分な、ネコとの対面接触をしてしまったと見られる。体に入った細菌は一週間も経ずに彼の命を奪い去った。

アメリカではネコから人にペストが感染する症例は少ない。一九七七~九八年の期間に、この国でネコが関係する人へのペスト感染は二三例にすぎない。アメリカの西部八州一帯では年間少なくとも一例は発生し、このうちジョン・ドゥの事例を含む五件では、診断が遅すぎたか単に診断ミスのどちらかに起因して、死に至った。ネコは飼い主や世話人、獣医師を噛んだり、ひっかいたり、飛沫をかけたり、あるいは飼い主の膝の上で丸まったり、顔近くでのどを鳴らすという単純な行動を通じて、ペストを感染させた。ほとんどの媒介性疾患には発生の季節性があるものだが、ネコが媒介するペストに季節性は見られない。一月と二月を除いてどの月にも発生しており、ほとんどの場合、周辺に生息する齧歯類個体群で起きるペストの流行とは関係がなかった。ネコが狩る哺乳類はペスト菌にとって理想的な宿主といえる。というのは一年を通して無症状であり、したがって捕食者に攻撃されたり殺されたりする際に健康な状態でいるため、食べられることを通じて感染を広げたり、ノミを媒介にして感染を引き起こせるからである。

ペストはアメリカ西部一七州の風土病になっている。もしあなたがこれらの州のどこか（一般には齧歯類が生息する農村地帯）に暮らし、屋外にいるネコを一頭でも所有したり、触れたり、世話や餌付けをしているならば、ペストに対する警戒が必要である。それどころか、飼い主がネコを野外で自由にさせている場合は、いつでもどこでも多くの病原体に対して飼い主は警戒すべきである。その多くは、ネコを病気にしたり死なせたりするだけでなく、他の野生動物、そして人をも病気にし、死に追いやることになる。

ネコひっかき病のバルトネラ菌

「ネコひっかき（熱）病」は状況によって、異なる人に異なることを連想させる。ロックミュージシャンのテッド・ニュージェントは一九七七年に楽曲「ネコひっかき（熱）病」をリリースし、一人の女性に恋焦がれる男の情熱的な想いを歌いあげたフレーズでこの病気を有名にした。

より一般的かつ適切に言うと、ネコひっかき病とは、感染したネコが人の皮膚をひっかいたり噛んだりすると発症するバルトネラ菌感染症を指す。ネコ自身にとっては普通、深刻な問題にはならず、バルトネラ菌を保有するネコの四〇パーセントかそれ以上の個体では何の症状も出ない。通常はネコと同様に、人も深刻な病状に見舞われることはない。赤いミミズ腫れができ、リンパ節が腫脹し、軽度の熱が出ることはある。しかしながら、特に免疫不全症の患者では、深刻な症状を引き起こすことがある。バルトネラ菌はペストほど危険ではないが常在している。

ネコも媒介する狂犬病

ネコにひっかかれたり嚙みつかれたりすると、他の深刻な病気に見舞われることがある。ニューヨーク州ブルックリンにいた当時一三歳のグレイス・ポルヘムスの場合がまさにそれだ。一九一三年一〇月一八日、家の前庭で遊んでいたグレイスが一頭の野良ネコをあやそうとしゃがんだときに、ネコが彼女の右手首に嚙みついた。後に脳組織を検査した結果、そのネコは狂犬病に感染していたことがわかった。狂犬病は、爪でひっかかれたり、ほんの少し嚙みつかれても、ネコから人に感染しうるもう一つの死に至る病である。狂犬病では決して珍しくないが、グレイスもすぐには発症しなかった。嚙まれて一年近くも経って昏睡状態に陥った後に、この少女は狂犬病で亡くなった。

狂犬病の英単語 rabies は「怒る」あるいは「暴力をふるう」という意味のラテン語に由来する。狂犬病は、有史時代を通じて常に人類の傍らに存在してきた感染力の高いウイルス性疾患である。狂犬病についての言及は、早くも紀元前五世紀にデモクリトス、アリストテレス、ヒポクラテス、ウェルギリウスなど、古代ギリシアやローマの有名な科学者や哲学者の著書に見ることができる。一八〇〇年代後半までは、狂犬病のイヌ（人がこの病にさらされる主因）に噛まれることは、すなわち死を意味した。噛まれるかひっかかれるかして人の体内に入ると、ウイルスは神経細胞を飛び移りながら神経線維にそって移動し、やがてゆっくりと脳に到達する。すべての哺乳類が狂犬病に感染し、アジア、アフリカ、インドの人々にとっては、今なおイヌがウイルスの感染源であるが、北米では、コウモリ類、キツネ類、スカンク類、アライグマのような野生動物がウイルスを保有する主要宿主の役割を担うと考えられている。これらの哺乳類は、ネコ、ウシ、ウマのような家畜に病気をうつし、ウイルスを媒介する。

人が狂犬病ウイルスにさらされると、通常は一～三ヶ月以内に発症する。ウイルスにさらされた後の発症予防医療あるいは治療を怠ると、二型の病気の一つが進行しやすくなる。最も一般的なのは「狂躁型狂犬病」であり、初期には嚥下（えんげ）が困難になるので、水を恐れる結果、感染者は極度の渇きを経験する。そのため、狂犬病は恐水病とも呼ばれていた。他の症状には、多動性や「怒り狂った」状態を制御できない興奮状態、高熱、噛まれた箇所の刺痛があり、最終的にはウイルスが神経系全体に蔓延して脳に到達し、脳炎症を経て死に至る。もう一つの型は、発症例の三〇パーセントに見られ、通常は傷がある箇所から緩やかに麻痺（まひ）が始まり、患者は最終的に死が訪れる前に昏睡状態に陥る。

どちらの型も発症するとほぼ間違いなく死に至る。一九四〇年以降、狂犬病に感染して生き残った人は一〇人にも満たない。そのうちの二人は最初の感染から回復したものの数年も経ずに死亡し、一人を除く全員が進行性の神経障害の後遺症を患った。

アメリカにおける狂犬病感染の主犯、ネコ

狂犬病は南極を除く全大陸で見られる。狂犬病ウイルスにさらされる（曝露）前の接種で高い効果があるワクチン（ルイ・パスツールの発明）と、曝露後にも有効な発症予防措置があるにもかかわらず、狂犬病はいまだに毎年、世界中で他の人獣共通感染症よりも多くの死者を出し続けている。世界保健機構（WHO）は、アジアとアフリカを中心に少なくとも六万人が毎年狂犬病で亡くなり、そのほとんどは一五歳未満の子どもであると推計している。野良イヌが依然として狂犬病の主要宿主と感染媒体になっており、アジアとアフリカの曝露の九〇パーセント、全死亡の九九パーセントの原因になっている。

アメリカで広域的なワクチン接種と野良イヌ管理が実施される前の一九四六年には、狂犬病の発生件数がイヌでは八三八四件、ネコでは四五五件報告されていた。飼いイヌの狂犬病予防接種と野良イヌの捕獲排除を進める効果的かつ強制的な政策のおかげで、二〇一〇年にはイヌ科動物の狂犬病事例はわずかに六九件にまで減少した。ネコの狂犬病も減少してきてはいるが、減少率は低く、二〇一〇年に三〇三件発生している。一九八八年以降、ネコは人に狂犬病を感染させる家畜の筆頭であり続けている。二〇一三年に狂犬病と報告された全家畜のうち、五三パーセントをネコが占め、はるかに下回ってイヌの一九パーセントが続く。

なぜこのような逆転劇が起きたのだろうか。理由ははっきりしている。何百万、何千万頭もの野良ネコを含むワクチン未接種の野放しネコたちが自然環境のなかで暮らし、その多くが狂犬病に感染しやすい野生動物と採食の場を共有するからである。北米では、コウモリ類、スカンク類、キツネ類、アライグマが狂犬病の主要宿主だが、ネコは人との接触が非常に多いため、人の最も有力な曝露源になっている。狂犬病のリスクとそれに関連して健康に深刻な脅威を及ぼすため、アメリカ獣医師会は野良ネコや

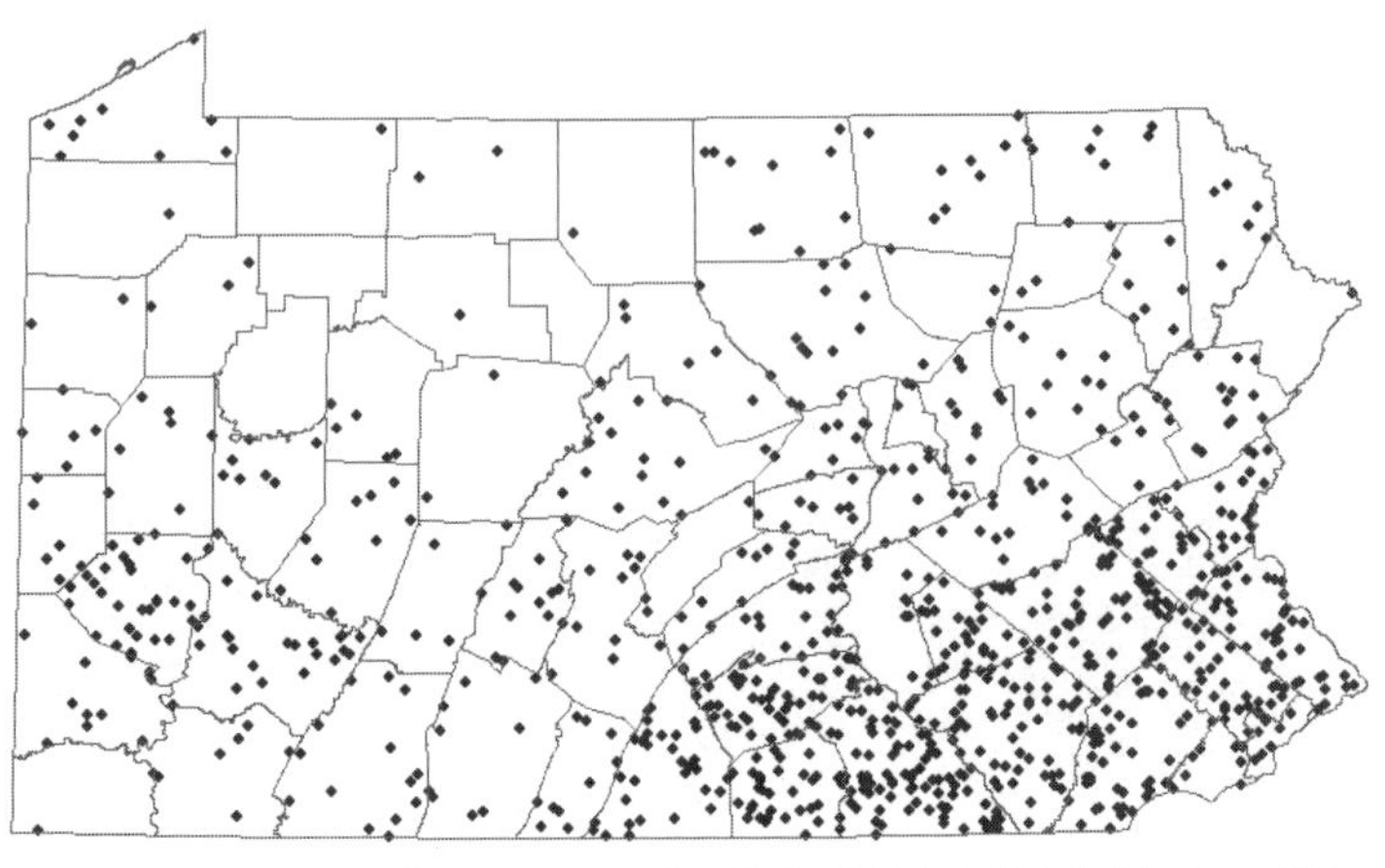

図5-1　ペンシルベニア州で1982〜2014年に検査確認された狂犬病感染ネコの分布。狂犬病はネコから人に感染・拡散する数多くの病気の一つである（ペンシルベニア保健局リー・リンド氏提供）

野良イヌについて、曖昧な言葉は発しない。同グループの二〇一一年の指針は次のように明言している。

野良イヌ、野良ネコ、フェレットは地域社会から排除すべきである。もし、飼い主が飼育登録を義務付けられ、屋内に閉じ込めるか、紐でつないで飼うならば、地方の保健所と動物管理職員は、野良イヌと野良ネコをより効果的に排除できる。(1)

実際に、アメリカ疾病管理予防センターとペンシルベニア州保健局は、狂犬病感染ネコを公衆衛生上の重大な懸念対象とみなしている。一九八二年から二〇一四年までペンシルベニア州の屋外にいるネコに発生した狂犬病件数は、検査で確認されただけでも一〇七八件あった（図5-1）。この蔓延状態は一九五〇年代から東海岸全域で始まったアライグマの狂犬病の大発生が関係すると考えられている。人が野生動物とネコを思いやってネコのコロニーなどに餌を置くと、屋外のネコはおのずからアライグマや他の動物と定期的に接触する。こうした人の供給する豊富な餌は、ネコが野生動物に接触する可能性を高めて、結果として狂犬病への感染機会を増やすことになる。

コロニーにいるネコは、TNR（一〇七頁参照）の一環として、たまに捕獲されてワクチン接種と不妊去勢後に放獣されている。では、こうしたTNRネコはなぜ狂犬病の免疫を持てないのだろうか？その理由は、残念ながら一回きりのワクチン接種で免疫を持たせるのは難しい点にある。アメリカ獣医師会は、最も効果的な予防接種のやり方としてすべてのネコに一回目のワクチン接種後一年以内に再接種を行う追加免疫を推奨する。しかし、飼い主のいないネコやコロニーネコは、一度ですら捕獲が難しい。ましてや二度捕獲して再接種するのは、年間二回のノーヒットノーランを記録するメジャーリーガーの凄腕投手のように、まれにしか達成できないことといえるだろう。したがって飼い主のいないほとんどのネコは、狂犬病ウイルスに対して無防備な状態で放置されている（TNRプログラムの欠陥については第7章で詳しく述べる）。

さらに状況を危うくさせるのが、人々とりわけグレイスのような子どもたちが、アライグマのような野生動物よりも、ネコに接近したがる傾向が強いことである。ネコは発症前の数日間に狂犬病ウイルスを撒き散らすため、もし、この期間にネコと子どもたちが何らかの形で接触し、狂犬病感染がすぐに疑われない場合、感染が判明するのはおそらく数週間後か数ヶ月後の、発症後となる。その時点ではあまりに遅い。

幸いにもアメリカではネコや他の動物が原因で人が狂犬病に感染することは非常にまれで、毎年少数例しか出ていない。野良イヌの大幅な減少に加えて、曝露後の極めて効果的な予防医療の進歩が、多くの人の死亡を防ぐうえで極めて重要であった。現在では、人が狂犬病動物に噛まれたりひっかかれたりしてウイルスにさらされた疑いがある場合は、いつでも予防医療が施される。アメリカ全土で曝露後の予防医療の適用について標準化された報告はまだないが、毎年実施される三万八〇〇〇件もの狂犬病の曝露後医療の実に大部分が、狂犬病の疑いがあるネコと接触した人に対して行われている。これらの曝露後の予防医療が、公衆衛生局とアメリカの納税者に一件ごとに約五〇〇〇～八〇〇〇ドルの経費を生じさせ、その額はアメリカ全体で少なくとも毎年一億九〇〇〇万ドルにのぼる。

ネコ科動物から大拡散するトキソプラズマ症

これらの人獣共通感染症の多くは、屋外にいるネコから感染拡大するために、公衆衛生上の重大な懸念事項となっている。残念なことにネコの体内には、さらにたちの悪い病原体さえ潜んでいる。その病原体は、ペストや狂犬病を拡散する細菌やウイルスよりも基本構造が複雑で、もっと精巧に仕組まれたライフサイクルを持つ。その病原体は他の動物種が感染すると、一連の複雑な物理的・化学的変化を通じて、寄生者が増殖し感染しやすくするように宿主の行動さえも変える。宿主の行動を操作する寄生者のこうした能力は、生物学の分野で、宿主―寄生者の相互作用の視点で最も魅力的な研究テーマとなっている。これらの病原体こそが、ゾンビ映画にひらめきを与える生命体であり、ゾンビ映画と異なるのは、それが作り話ではないことである。

トキソプラズマ原虫は、世界中に分布する単細胞原生動物の寄生虫である。この寄生虫が一次宿主(例えばネコ科動物)を通じてどのように二次宿主(人を含む他の動物)に感染し、最終的に、次なる感染と生存に向けて二次宿主の行動を容赦のない破壊力で操作するかは、想像を絶する。

トキソプラズマは、固有宿主であるイエネコや他のネコ科動物の腸管内でのみ有性生殖を行う。ネコ科動物の体内に入ったトキソプラズマ原虫は、数を増やし、有性生殖をすることで、卵と精子が接合した二細胞体のトキソプラズマ接合子を包むオーシストと呼ばれる接合子嚢を産生する。このオーシストは最終的にネコの糞を介して環境中に大量に放出される。これはネコが初感染して数週間後に起こる現象である。環境中に出たオーシストは非常に耐久性があり、数ヶ月から数年間、そして真水や海水に浸かったり、土中で凍結したりといった、ありとあらゆる条件下でも生残できる。マウスやラットや鳥類のような二次宿主は、意図的あるいは偶然にトキソプラズマ・オーシストに感染したネコの糞を食べたり、トキソプラズマに汚染された環境からオーシストを体内に取り込む。もちろん、人もオーシストや生活環の他のステージにあるトキソプラズマを取り込みうる(これについては後に詳述する)。

二次宿主の体内に入ると、トキソプラズマ・オーシストはタキゾイト(急増虫体)と呼ばれるステージに変化し、無性生殖で急激に増殖を開始する。タキゾイトは健康な細胞に侵入すると赤血球の一〇分の一ほどの大きさになって急速に分裂して組織を破壊し、二次宿主の体内でトキソプラズマ感染を広げる。最終的に筋肉や神経組織、とりわけ脳の一部にブラディゾイト(緩増虫体)と呼ばれる嚢胞の形態で局在化していく(図5-2)。

やがて二次宿主に異変が発症する。その異変とは、ネコを回避するという本来の正常な行動が、ネコ

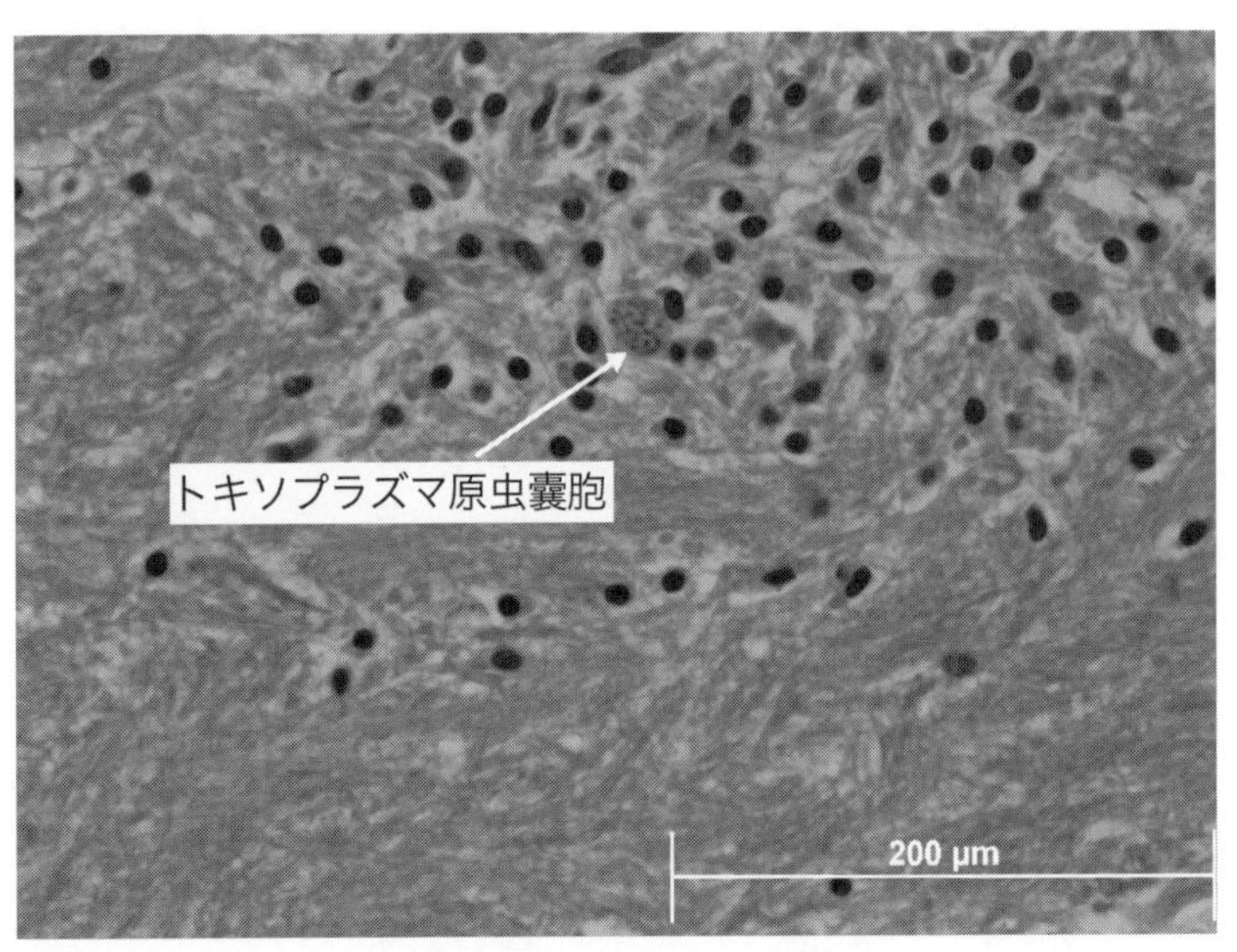

図 5-2　統合失調症、双極性障害など人の多数の病気に関係する寄生虫トキソプラズマ原虫嚢胞またはブラディゾイトの組織学的スライド（D・ロットスタイン氏とアメリカ海洋大気庁提供）

に誘引される行動に大逆転する変化である。とりわけネコの尿臭——未感染のマウスやラットが生まれつき回避する臭い——が誘引力のある〝媚薬（びやく）〟に変わるのだ。これこそがトキソプラズマ原虫が感染宿主（齧歯類）の行動をネコに有利なように変える仕組みである。感染宿主（齧歯類）が体内に宿した寄生虫ともども新たな捕食者（望むらくはイエネコや他のネコ科動物）に喰われることで、トキソプラズマ原虫は再び有性生殖サイクルに切り替わり、新しい宿主に感染してオーシストを排出させ、到達範囲を拡大していくことになる。

「寄生生物操作仮説」の実証

果たして寄生生物であるトキソプラズマは実際に、自らの利益のために二次宿主の行動を操作しているのだろうか？　オックスフォード大学の研究者たちは、この問いに対して、寄生生物による操作を明確に肯定する。マヌエル・バードイらはこの「寄生生物操作仮説」を検証するため、実験動物のラットをトキソプラズマに感染させて、ラットが生得的に持つネコに捕食されるリスクの回避行動が妨げられるか否かを調べた。

この実験で彼らはトキソプラズマ感染ラット二三頭と非感染ラット三二頭の夜間の探索行動を調べて比較した。感染しているにもかかわらず、感染組のラットはすべて健康そうであった。ラットは層状にしたワラとレンガで作った迷路の囲いに入れられた。迷路の囲いの各コーナーには四通りの寝ワラをランダムに配置し、個体ごとに一晩をかけて実験した――四通りの寝ワラとは、①ラット自身の臭いの付着ワラ、②新鮮な水濡れワラ、③ネコ尿付着ワラ、④ウサギ尿付着ワラ、である。結果は予想どおりであったが、衝撃的だった。健康な非感染ラットはネコ尿ワラを置いた迷路の一角を明確に避けた。対照的に、感染ラットはネコ尿ワラの一角に誘導され、寄生生物操作仮説に合致した。感染ラットと非感染ラットはラット臭とウサギ臭に対しては、ともに同じ行動を示した。この結果は、寄生生物がラットの脳と行動を何らかの形で微妙に操作するという仮説に一致した。

しかしこの研究では、トキソプラズマに感染させたオーシストの存在そのものが、脳の神経回路をどのように破壊するか、また、二次宿主の誘引効果が本当にネコに対して特異的に起こるか否か――これこそが寄生生物操作仮説を裏付ける――については不明なままであった。

神経科学者ロバート・サポルスキー（スタンフォード大学教授）は、これらの未解決な疑問に対する回答を探ることを決心した。彼はそれまで取り組んでいた、ストレスがどのように知覚されて体内で実際の化学信号に変換され、脳の化学作用と活動に影響を及ぼすかをテーマにした研究を通じて、この謎解きに価値ある根拠を提供することになった。

サポルスキーは、アジャイ・ヴァイス、パトリック・ハウスら他の数人の共同研究者とともに、二つの研究プロジェクトを率いて、トキソプラズマ感染がネコフェロモンに対するネズミの恐怖を取り去るだけでなく、ネコへ誘引することを実証した。驚くべきことに、誘引効果はネコの尿に特異的に表れた。このグループの研究は、宿主—寄生生物の共進化の目覚ましい例として、寄生生物が自らの利益のために二次宿主を実際に操作していることを裏付けた。

さらに、サポルスキーと共同研究者らは、感染後にトキソプラズマの嚢胞が、本能と精神状態、防御行動、性的魅力をコントロールする脳領域の辺縁部近くに偏って棲みついていることを突き止めた。トキソプラズマはラットをほとんど性的に誘導してネコに近づけ、その誘導こそがラットに死をもたらした。現在少なくとも一〇件の科学論文が審査を経て発表されており、発見が追認されている。

人も発症するトキソプラズマ症

なぜこのことが人間にとって重要なのだろうか?　トキソプラズマ原虫が引き起こす疾患であるトキソプラズマ症は、人間にとって最もありふれた寄生虫感染症の一つである。実際、世界人口の約三〇〜五〇パーセント、アメリカの人口の二二パーセント（六〇〇〇万人以上）がトキソプラズマ原虫に感染していると推定される。アメリカでのトキソプラズマ感染者のおよそ半分近くは、ネコ類のうち、十中

八九、イエネコが環境中に排泄したトキソプラズマ・オーシストを直接体内に取り込んで感染したと推定される。人の感染の多くは、感染した家畜の肉を加熱が不十分な状態で食べて起きるが、家畜への感染は飼料か水を通じてネコの糞に含まれるオーシストが体内に取り込まれて起きる。トキソプラズマ症を起こす原虫は、オーシストとして被嚢されて筋肉の中にひっそりと棲み、肉食動物から肉食動物、あるいは雑食動物（人間やブタなど）へと引き継がれて、食物連鎖を通じて増殖していくと考えられる。

国によっては人間のトキソプラズマ感染率は非常に高い。チェコ共和国のプラハにあるチャールズ大学の進化生物学者ヤロスラフ・フレグルは、研究生活の多くを捧げてトキソプラズマとトキソプラズマ症をさまざまな面から調べてきた。同氏は出産可能な年齢層にある女性の罹患率に関する八八ヶ国の資料を検証した。その結果、低レベルでは韓国の四パーセントから、高レベルでは高い順にマダガスカルの八四パーセント、ナイジェリアの七八パーセント、ドイツの六三パーセント、フランスの五四パーセントと続き、国によって罹患率にばらつきがあることをつかんだ。アメリカ疾病管理予防センターによると、こうした国の人々は生活環境からいろいろな経路を通じてトキソプラズマ・オーシストに感染している。例えば、

・火が十分に通っていない汚染肉（特にブタ、子ヒツジ、シカの肉）を食べるか、汚染肉に触った手を洗わずに偶然取り込む（トキソプラズマは皮膚からは吸収されない）。
・トキソプラズマ汚染水を飲む。
・トキソプラズマに汚染されたネコ糞に接触して、誤って原虫を口に入れる。これはゴミ箱を掃

除したり、感染ネコの糞が付着した物に触れたり、（果物や野菜をよく洗わずに）汚染土壌を誤って摂取して起こる。
・母から子への先天性感染。
・臓器移植または輸血による感染。[2]

ではトキソプラズマ・オーシストを直接あるいは間接的に摂取する可能性は、どれくらいあるのだろうか？　アメリカだけでネコの糞は毎年一二〇万トンも排出されている。

感染ネコがオーシストをばら撒く期間はわずか三週間であるにもかかわらず、オーシストはどこにでも広範囲に存在する。カリフォルニア、フランス、ブラジル、パナマ、ポーランド、中国、そして日本におけるトキソプラズマ・オーシストの広がりに関する研究から、オーシストの数は三〇平方センチメートル当たり三〜四三四個の推定幅が出された。ネコは柔らかい土の上を好んで排便するため、しばしば庭や、子どもが遊ぶ砂場などを排便場所に選ぶ。その結果、そうした場所ではトキソプラズマ・オーシストの密度がはるかに高まることがわかっている。三歳未満の子どもは二〜三分ごとに口に手を含み、一日に相当な量（最大四〇ミリグラム）の土を摂取しうるため、覆いのない砂場で遊ぶと著しい危険にさらされる。私たちの多くは、砂場で子どもと遊んだり庭で作業中に、小さなチョコレート棒のような物に遭遇してきた。さらにその場所には飲み水もある。

雨が降ると殺虫剤からピーナツ形の梱包材、さらにトキソプラズマ・オーシストなどの原生動物の嚢胞までありとあらゆるものが、人の支配が及ぶ、たいがいコンクリートで覆われた環境から流れ出して、淡水域や海洋に広がる。これらの流路にはほぼ確実に、農作物（ニンジン、ジャガイモ、レタスなど）に撒く灌漑用水、家畜の飼育、都市域全体の飲料水をまかなう水源となる貯水池があり、数百万人の需要を満たす水系に含まれる。トキソプラズマがこのような広範囲の用途をまかなう水系を移動すると、影響は一層拡大する。例えば一九九五年三月、カナダのブリティッシュ・コロンビア州ビクトリア市で起きたトキソプラズマ症の大発生では患者は少なくとも一〇〇人に及んだ。ビクトリア市の水系で感染源を追跡する調査が行われたが、その感染源が屋外にいるイエネコなのか、あるいは野生のピューマかは判明しなかった。なぜなら両種が流域で見つかっており、ともに活発にトキソプラズマを拡散していたからだ。

これは決して珍しい事例ではない。同様な大発生がパナマ、インド、ブラジルで飲料水を通じて起きたが、いずれもオーシストの持つ過酷な環境に耐えうる途方もない能力がその裏にある。長い持続性と大きな影響力がトキソプラズマを、ＤＤＴ以上とは言わないまでも、それに匹敵する環境汚染物質にしている。

人への感染――妊婦に及ぼす危険と統合失調症

たった一個でもトキソプラズマ・オーシストの摂取は感染の原因になりうる。人がいったんオーシストを体内に入れると、トキソプラズマ症の急性期ではタキゾイトが急激に分裂する。このタキゾイトの急激な分裂が、熱や疲労感、頭痛を引き起こし、かなりの病態をもたらす。例えば、後期ＨＩＶ患者のような免疫システムが不全の患者では、死亡さえも招く。免疫系疾患（狼瘡、線維筋痛症、慢性疲労症候群など）や薬物（Cox-2阻害剤のような選択性ヒト免疫抑制剤）が、潜伏期のトキソプラズマ感染症にどのように影響するかはわかっていない。

妊娠中の女性と胎児には、一九二〇年代から重大なリスクがあることがわかっていた。妊娠初期の三ヶ月間にトキソプラズマに感染すると、一〇人に一人の割合で流産もしくは形態異常が起きてきた。この統計資料はおそらくは過小評価である。この危険性の高さのために数十年にわたって、妊娠中の女性は、ネコ用トイレ砂やネコの糞に触れたりしないように警告されてきた。しかしこうした警告にもかかわらず、世界中でトキソプラズマの先天性の感染が発生し続けている。

ほとんどの人は免疫システムの健全な働きで、活性トキソプラズマ症を潜伏期の状態で不活化していると考えられてきた。ゆっくり無性生殖で分裂するブラディゾイトは筋肉や（脳のような）神経組織に嚢胞を形成し、体内で終生にわたって生き続ける。潜伏期のトキソプラズマ症を患う大多数の人々にとって朗報とされていたのは、測定できるような病状がほとんど発現しないことであった。その後、科学者たちは少し掘り下げて観察を始めて、ブラディゾイトが実際には活動的で複製されていくことを発見した。実のところトキソプラズマ感染症の症状の一つは、眼トキソプラズマ症――嚢胞が目に棲みつき成長するというものである。嚢胞が破裂すると、緑内障になり最終的には失明につながる、進行性かつ再発性の網膜の炎症を引き起こす。だが残念ながら、これは人におけるトキソプラズマ症感染の最悪の病態ではない。

トキソプラズマ感染症の潜伏期に人では症状が出ないとかつては考えられていたが、ヤロスラフ・フレグルや他の一連のパイオニア研究者ら（例えばマヌエル・バードイ、ジェテンダー・P・ダビー、ロバート・サポルスキー、E・フラー・トーリー、ジョアン・P・ウェブスター、ロバート・H・ヨーケン）の最近の研究のおかげで、実はそうではないことがはっきりしてきた。ラットやマウスがトキソプラズマに感染すると、例えば不安感が減り、恐怖感が薄れ、ネコ尿に誘引されるといった行動変化が起きるが、それと似た変化が人においても発生する、確たる証拠が現在、得られている。

トキソプラズマ症は、おそらくは脳内の化学作用を変化させて、人の行動も変化させる。血中のトキソプラズマ抗体の存在で検知される潜伏性トキソプラズマ症の副作用については、すでに何百もの研究の蓄積がある。齧歯類に見られるのと同様な行動変化に加えて、潜伏性トキソプラズマ症の人々は、重度のうつ病、双極性障害、強迫神経症および統合失調症など、広範囲な精神疾患を示唆する症状を呈する。最近のある研究では、欧州二〇ヶ国で閉経後の年配の女性の自殺率が、トキソプラズマ曝露率と有意な正の相関にあることがわかった。デンマークでの研究では一九九二〜九五年に第一子を出産した女性四万五七八八人を登録し、以後二〇〇六年まで追跡調査した。これらの女性は全員が測定可能なレベルのトキソプラズマ抗体を持っていた。前述の欧州女性についての広範な研究と一致するように、トキソプラズマ症に感染した女性たちは、非感染の女性たちよりも自殺の可能性が二倍高まっていた。フレグルは、トキソプラズマ症が感染の急性期、あるいは潜伏期に現れる精神疾患と神経疾患のどちらかを通じて、もっと大幅にとは言わないまでも、過去数十年にわたって何十万人もの死亡原因になったと確信している。

統合失調症は、人々が現実を異常と認識する深刻な脳障害である。これによって幻覚や妄想、非常に混乱した思考と行動が入り混じる症状が発現する。アメリカでは成人人口の約一・一パーセントにあたる二五〇万人が統合失調症にかかり、この病気に関連した経費は年間四〇億〜六〇億ドルにも達する。

メリーランド州チェビーチェイスにあるスタンレー医学研究所の理事で精神科医のファラー・トーレイ医師は、統合失調症の研究にほぼ生涯を通じて取り組んでいる。彼は二〇冊の本を執筆し、二〇〇編以上の論文を発表し、その多くで統合失調症について論じている。トーレイと神経生物学者のロバート・ヨーケン（ボルティモア市のジョンズ・ホプキンス大学発生神経ウイルス学スタンレー部門長）は、トキソプラズマのような感染因子がどのように統合失調症の発症に関与するかについて共同研究を行ってきた。このテーマに関する彼らの論文の一つは、トキソプラズマ抗体と統合失調症との関係について、これまで独立に行われ発表された五〇編近い研究論文を再検討するものだった。彼らはメタ分析の統計手法（一般的あるいは全体に及ぶ影響が存在するかを知るために、複数の研究の結果を一本化する統計技術）で解析を行って、トキソプラズマ感染者は非感染者と比較して統合失調症の発症確率が二・七倍高いことを見出した。

最近の四件の研究では、さらに統合失調症患者は対照群である非統合失調症患者と比較して、小児期にネコとの接触が多いことが報告されている。ファラー・トーレイは今日、公の場で次のように明言している。「屋内飼育が生涯徹底されているネコは比較的安全です。しかし外を出歩いているネコであれば、そのネコ、特に子ネコが子どもに接触しないようにします」。トーレイは子どもが後の人生で統合失調症を発症するリスクを懸念しているからだ。二〇年以上にわたってトキソプラズマ症と統合失調症のような精神疾患に関する研究を行ってきて、トーレイはトキソプラズマ・オーシストが公衆衛生上、重大な危険をもたらすという確信を持つに至った。ヤロスラフ・フレグルは、今日、最も危険な殺人原虫とみなされるマラリア感染症が、やがてトキソプラズマ症によって「王座を追われる」ことに同意するだけでなく、確信すらしている。

私たちの周りに野放しネコがいる限り、寄生虫の拡散は続くだろう。人々が感染して発症しても、その多くは回復するだろう。しかし、人によってはその後の人生を薬抜きでは暮らせないようになる。さらに、この寄生虫は人体に嚢胞という形で棲み続け、除去できる可能性はほぼない。トキソプラズマ症は、人類全体に影響を与える最も重大な人獣共通感染症の一つであり、主として屋外のイエネコから広がっていることが次第に明白になっている。

野生動物への影響——カラスと海棲哺乳類の事例

トキソプラズマ症は、地球上で最も絶滅に瀕する動物種を含む野生動物に対しても致命的な感染症である。トキソプラズマ・オーシストが私たちの大地を汚染し、流れ出す水は淡水と海水を汚染する。その結果、食物網を通じてさまざまな海棲(かいせい)哺乳類や海鳥を死に追いやっている。

地球上にモンクアザラシ類は三種が知られ、すべてが熱帯の海域に生息する。その一つ、カリブカイモンクアザラシは絶滅したとみなされている。もう一つのチチュウカイモンクアザラシの生息数は五〇〇頭前後で変動している。三つ目のモンクアザラシは、地球上で最も危機に直面する海棲哺乳類の一つで絶滅危惧種のハワイモンクアザラシ(図5-3)である。残存数は一〇〇〇頭を下まわり、一九八九年

図 5-3　トキソプラズマ症を発症しやすい絶滅危惧種ハワイモンクアザラシ。陸域のネコの糞から流れ出たトキソプラズマ・オーシストで沿岸水が汚染されると、モンクアザラシ、ラッコや他の海棲哺乳類に、生死に関わる潜在的な危険を与える（アメリカ海洋大気庁、M・サリバン氏提供）

以来、年率約一〇パーセントの割合で減少を続けてきた。

現在ミッドウェー諸島とハワイ諸島に分布しているこのモンクアザラシは、多くの脅威に直面している。例えば海洋ゴミにからまったり、餌資源が減少したり、今ではトキソプラズマ症も関与することがわかっている。ネコはハワイ諸島全域に非常にたくさん生息しており、トキソプラズマは遅くとも一九五〇年代以降に出現して、環境中を循環している。ネコの糞はハワイの激しい降雨でトキソプラズマ・オーシストとともに流下し、沿岸水に到達する。過去一〇年間で少なくとも八頭のハワイモンクアザラシがトキソプラズマ症で死亡したことがわかっているが（二〇一五年だけでも二頭）、この数値は過小評価であり、実際はもっと多いだろう。ハワイモンクアザラシの管理と保護を担当するアメリカ海洋大気庁（NOAA）は、減少を続けるアザラシ類への深刻な脅威が、野放しネコとネコから拡散されるトキソプラズマ・オーシストであると、現在、考えるに至っている。ネコは在来種を捕食によって直接殺すだけでなく、トキソプラズマ・オーシストの拡散で間接的にも殺すことが明白になっている。

現地語でアララ、標準和名でハワイガラスは、これもハワイの固有種で、トキソプラズマによるもう一つの被害例である。生き残っていた二羽が二〇〇二年に目撃されたのを最後に、本種は野生絶滅した。幸いにも人工飼育による繁殖計画が功を奏し、今日、一〇〇羽を超えるハワイガラスが飼育下で暮らしている。本種の初期の減少は、ラットやマングース、ネコによる捕食、生息地の破壊、そしてトキソプラズマ症のような島外から持ち込まれた病気によって引き起こされた。こうした病気が野鳥にどのように影響するかを理解することは、ネコのような捕食者の野外での影響を定量化することと同様、極めて困難である。

一九九〇年代、野生個体群を復活させるために、科学者らは二七羽のハワイガラスに発信機を背負わせて野外に放鳥した。少なくともそのうちの五羽がトキソプラズマに感染した。一羽は再捕獲され施療されてゆっくりと回復した。残りの四羽は野外で死体で発見され、死因はトキソプラズマ症と診断された。ハワイガラスのトキソプラズマ症に対する感受性を考慮すると、将来いかなる再導入を行うにしても、野放しネコとトキソプラズマの影響を検討することが不可欠である。

トキソプラズマの影響を受ける動物種は多いが、海棲哺乳類にこの寄生虫が多いことは科学者たちに驚きをもって受けとめられた。トキソプラズマの犠牲になった海棲哺乳類はアザラシ、アシカ、イルカ、ニシインドマナティー、シロイルカ、ラッコなどであるが、今後さらに増える可能性が高い。トキソプラズマ・オーシストが海洋環境で生き残り、陸域から海洋生態系に移動して、食物連鎖を通じて頂点捕食者にまで到達する能力は、オーシストの柔軟な適応力と、陸と海の生態系が密接に結びついていることを立証している。

トキソプラズマ症の影響を受ける海棲哺乳類の一つ、ラッコはこの地球上で生きながらえるのに長期にわたって苦闘を続け、現在、アメリカの絶滅危惧種リストに入っている。二〇世紀初めには一〇〇〇〜二〇〇〇頭に急減し、絶滅寸前にまでなった。やがて彼らはカリフォルニア州からアラスカ州に至るアメリカ西岸のいくつかの沿岸域で徐々に数を戻したが、他の地域では今も減り続けている。これまでは狩猟や石油流出や海洋汚染がラッコの明白な減少原因だった。最近ではトキソプラズマ感染症が新たに登場した。

カリフォルニア大学デイビス校とカリフォルニア州魚類狩猟委員会の調査グループは、一九九八〜二〇〇一年にかけてカリフォルニア沿岸で収集したラッコの死体一〇五頭の検視解剖を実施した。その結果、トキソプラズマ感染とサメの攻撃が二大死亡原因であり、しかもこの二つの死因はリンクする可能性があった。サメの致命的な咬傷を受けた個体は、他の原因で死亡した個体よりも三倍以上の高い割合で、事前にトキソプラズマに感染していた。トキソプラズマが齧歯類の行動をいかに変化させるかを考えれば、トキソプラズマ感染ラッコもまた捕食者を恐れなくなったか、少なくとも病気になって捕食者を回避できなくなった可能性があると推測される。

いずれにせよ、トキソプラズマ原虫は絶滅危惧種のラッコ、ハワイモンクアザラシ、そしてもちろん人間を含む数多くの動物種にとって、大きな脅威となっている。

ネコ白血病のネコ科野生動物への感染

残念なことにイエネコは他の致死的病原体も運ぶ。例えばネコ白血病は、イエネコと野生のネコ科動物の両方に影響を及ぼし、家畜動物から在来種に感染しうる。

ネコ白血病は世界中のイエネコに見られる。アメリカではすべてのイエネコの二〜三パーセントがこのウイルスに感染している。ただし、コロニーネコでは感染率が極端に高く四七・五パーセントにもなっており、またネコの年齢や性別や状態で感染率は異なる。ネコはいったんこれに感染すると死につながる可能性がある。感染ネコは、唾液や鼻からの分泌物、尿、糞を通して容易にウイルスを拡散していく。ネコ白血病ウイルスはネコを重病化させ、そしてがんの主原因になっている。ウイルスは感染ネコが喰われることでも拡散する。

ネコ白血病ウイルスの病原体に影響を受ける絶滅危惧種のネコ科動物には、ピューマ（クーガー）の一亜種であるフロリダパンサーがいる。かつてアメリカ南東部一帯に存在した個体群は、一六〇〇年代からの大規模な開墾とともに一気に縮小し始めた。一九七〇年代までに、この動物はフロリダ南部に個体群が孤立し、生息数は二〇頭にまで減少し、絶滅の危機に瀕した。

フロリダにおける生息地の保護と、近親交配を減らすためにテキサスから導入した個体のおかげで、今日、生息数はようやく一〇〇〜一六〇頭に増加した。しかしこれでフロリダパンサーから危機が去ったわけではない。個体同士の闘争や自動車事故で受ける怪我など他の脅威も続く。（第4章で述べたように）個体群サイズが小さいことで起こる遺伝性形態異常や免疫システム障害などは、とりわけ病気に対する抵抗力を弱める。二〇〇二年には野放しのイエネコに起因したネコ白血病ウイルスの流行がフロリダ州に到達し、二〇〇五年までに少なくとも五頭の絶滅危惧のパンサーが死に追いやられた。野生動物学者と獣医師は一丸となってできるだけ多くのパンサーを捕獲し、感染していない個体には、このウイルスから守るために新開発したワクチンを接種した。

アメリカに生息する他の在来ネコ科動物二種のうち、アメリカ西部に分布するピューマの北アメリカ西部亜種と、アメリカ全土に分布するボブキャットが、ネコ白血病ウイルスに感染して死亡している。この野生のネコ科動物はどちらも野放しのイエネコを捕食することが知られており、感染する可能性が高い。他の大陸に生息する在来のネコ科動物でネコ白血病ウイルスの脅威にさらされているのは、スコットランド、スペイン、フランスに生息するヨーロッパヤマネコ、スペインで絶滅に瀕するスペインオオヤマネコ、ブラジルのブラジルピューマ、オセロット、ジャガーネコなどが挙げられ、そのリストは続いている。

野放しネコは、捕食しやすい鳥類や小型哺乳類、爬虫類などの野生動物に明らかに大きな脅威をもたらしている。野放しネコが殺す鳥類や他の動物のなかには、絶滅の淵をよろめきながら歩くものもいる。しかしながら、ペスト菌や狂犬病ウイルス、そしてとりわけトキソプラズマ原虫など、ネコが運び野生動物が感染する細菌やウイルス、寄生虫もまた、野生動物を絶滅に導きうる。野生動物のみならず、何百万人もの人々に影響を与えるネコによるこれらの感染性病原体は、今日、最も理解が立ち遅れ、危険性が最も高い公衆衛生上の難題の一つとして私たちに突きつけられている。

これを解決するために、野生動物と人々に野放しネコが与える影響を減らす、しっかりとした行動を起こす必要に迫られている。その一つが、野放しネコを自然環境からきっぱりと排除することである。

第6章　駆除VS愛護——何を目標としているのか

科学者は、信仰ではなく実証によって、その正当性に価値を置くことを学んできた。
トーマス・ハクスリー

絶滅危惧種フエコチドリ

水面と陸地が接する場所の周辺には、独特な生態系が出現する。干潟、沼地、海岸に、端脚類やカイアシ類などの甲殻類、ゴカイなどの環形動物、貝やカニなどが穴を掘り、動き回り、産卵する。岸辺に生息する二〇〇種以上の野鳥（シギ・チドリ類）は、さまざまな長さの脚とくちばしを進化させ、泥の中や水中から貴重なタンパク質（水辺に生息する生物や彼らが産む卵）を採るのにそれぞれ独自に適応してきた。例えばアメリカでは、アメリカダイシャクシギ、アメリカオオソリハシシギ、ハジロオオシギ、キアシシギ、アメリカイソシギがその例である。

シギ・チドリ類の一つ、チドリ科鳥類は世界で六六種が数えられる。シギ・チドリ類の多くは地球上の極北域（亜寒帯や北極のツンドラも含む）で繁殖するが、フエコチドリ（図6-1）は温帯の海岸域で

図6-1　アメリカ北部グレートプレーンズと大西洋岸で繁殖するシギ・チドリ類の絶滅危惧種フエコチドリ。ヒナはとりわけ孵化直後に捕食されやすい（フロード・ヤコブセン氏提供）

繁殖する数少ないシギ・チドリ類の一種である。

このフエコチドリと他のチドリ類を見分けるポイントは、ロジャー・トリー・ピーターソンの『鳥類のフィールドガイド』によると、太く短いくちばしと、夏には淡い乾いた砂の色をした背中と、繁殖期に色味が増すオレンジ色の脚である。スズメほどの小さな体と地味な色合いのために、ぱっと見ではかなり見落とされやすく、目にとまっても、イソシギの仲間や他の小型シギ・チドリ類に間違いやすい。

夏にはカナダ南東部の沿海諸州からアメリカのノースカロライナ州一帯にかけての大西洋沿いの砂丘や砂地、海岸で見ることができ、五大湖の湖畔やグレートプレーンズ北部の河川、湖沼、湿地でも群れを発見できる（図6-2）。これらの異なる繁殖集団は、冬はノ

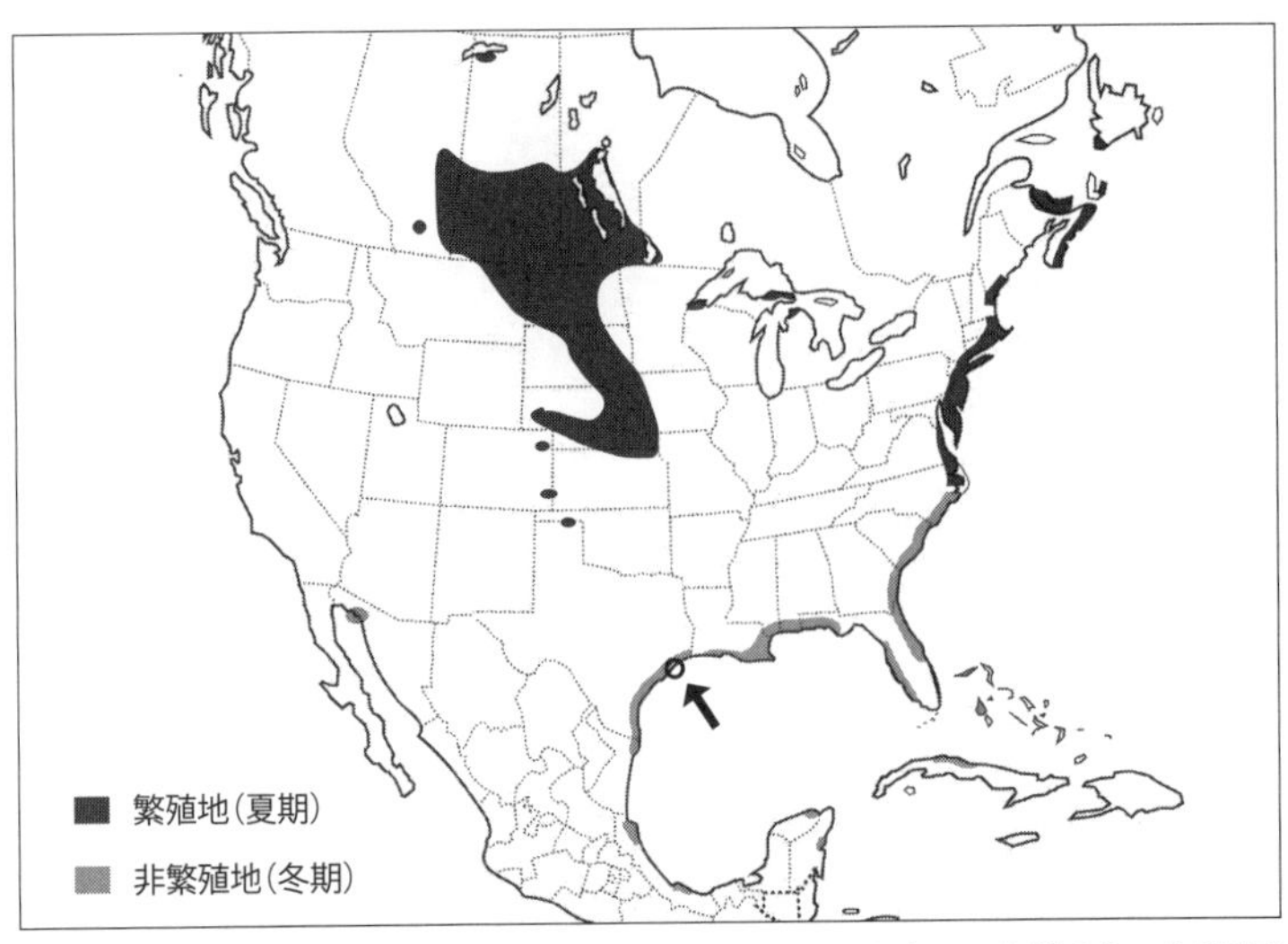

図 6-2　フエコチドリの分布域。夏期は北の繁殖地でヒナを育て、冬期は南の非繁殖地に渡る。矢印部がガルベストン（Bird of North America Onrine［https://birdsna.org/Species-Account/bna/species/pipplo/introduction］の地図をもとに作図）

ースカロライナからフロリダにかけての南部大西洋の海岸やカリブ海の数ヶ所と、南はユカタン半島までのガルフコースト（メキシコ湾岸）に面した砂浜や、岸に沿って細長く発達する砂洲に集結し、長く伸びる砂地か水際から離れた岩礁海岸を好んで生息する。

フエコチドリは陸地と水面が接する岸辺周辺で、ゴカイなどの海産環形動物、昆虫類、軟体動物、甲殻類などを捕食する。砂地を小走りに進んでは立ち止まり、地表に潜む餌動物の気配を察知し、獲物を見つけると前傾姿勢で地表から獲物をつまみ取る。チドリ類はまた「足踏み」採餌法で獲物を追い出して見つけやすくする。フエコチドリの名前の由来にもなった（楽器の）ベルの音に似た哀調を帯びたさえずりは、姿を現す前から頻繁に聞こえてくる。

フエコチドリは早春に北の繁殖地に戻ると

すぐに繁殖を始める。多くが海岸域に営巣し、小石や貝殻の破片を敷き詰めた浅い窪地で三〜四卵を産む。卵は三〇日以内に孵化し、ヒナは孵化後三〇日以内に飛べるようになる。保護色の体が周囲の環境にうまく溶け込んでいても、フエコチドリの卵やヒナはキツネやアライグマ、カラス、ネコといった捕食者に狙われやすく、また嵐や異常な高潮の被害も受けやすい。捕食者が現れると、親鳥はあたかも翼が折れたように見せる偽傷行動で、捕食者を巣から遠ざけようとする。フエコチドリの親鳥は、人の出現にも反応する。もしビーチバギーのような四駆車や、たこ揚げ、ピクニックを楽しみに海岸に来る人たちが頻繁に営巣地を攪乱すると、親鳥は卵を遺棄しやすくなる。フエコチドリは八月に南に渡り始め、翌春に再び北に渡るまで、秋の残りの月日と冬のほとんどをアメリカ南部とバハマ、カリブ海に面する非繁殖地で過ごす。

第二次世界大戦後に海岸周辺の生息地で開発が急速に進むと、フエコチドリの生息数はまたたく間に減少した。生物学者は現在およそ成鳥八〇〇〇羽が生残すると推定している。一九八六年一月一〇日にこの鳥は、一九七三年に制定されたアメリカ絶滅危惧種法（the U.S. Endangered Species Act, ESA）に基づいて、絶滅危惧種リストに登録された。この登録の目的は、その種を絶滅危惧種リストから外すのに十分な生息数まで回復させるように保護することにある。

五大湖地域で営巣するフエコチドリは絶滅危惧種（最も危機的な状況）に指定され、グレートプレーンズ北部と大西洋岸で営巣する個体群は絶滅懸念種（もしくは近絶滅危惧種）に指定されている。夏の繁殖集団がはっきりとはわからないために、非繁殖期に形成されるすべての越冬集団が絶滅危惧種として扱われる。アメリカ魚類野生生物局はフエコチドリを絶滅危惧種に定める二つの理由を挙げている。

それは、①海岸の生息地の開発とダムのような流量管理設備による水位変化がもたらす生息地の減少と悪化、②人による営巣地の攪乱と捕食動物の影響である。

アメリカでは、絶滅の危機にある動物や植物を絶滅危惧種、近い将来に絶滅の危機に瀕する可能性のある動物や植物を絶滅懸念種と定義している。ESAの下で、議会は、「脅威にさらされ絶滅の危機に瀕する魚類、野生動物および植物が依存する生態系の保全」に取り組むための対策をとった[1]。この法律は、とりわけ、リスト掲載種を「捕獲」と解釈される行為、つまり「嫌がらせをする・害を与える・追いまわす・狩る・撃つ・傷つける・殺す・ワナをかける・捕まえる・採取する、またはそのような行為を試みる」ことを禁じている[2]。

フエコチドリ保護のためのネコ狙撃事件

ジム・スティーブンソンは、二〇〇六年一一月八日の朝、装塡した二二口径のライフルを白い大型ワゴン車(ドッジバン)に放り込んだ際、ESAのことは頭になかった(図6-3)。彼はただ、ヒューストン南東のメキシコ湾にあるガルベストン島とフォレッツ島を結ぶ海峡、サンルイスパスにかかる橋の下に棲む野生化ネコの一群に、フエコチドリの命がこれ以上奪われるのを何が何でも食い止めたかっただけだった。

スティーブンソンは五〇代半ばの大柄な男で、ガルベストン鳥類協会を設立する前は高校で理科を教えていた。彼は頻繁に、探鳥の前夜にサンルイスパスに出かけていた。ガルフコーストのこの地域は、たくさんのシギ・チドリ類がいて、早春には新熱帯区〔訳注：生物地理区の一つ。南アメリカ大陸とメキシコの熱帯部分を含む中央アメリカを指す〕の渡り鳥たちが北方に戻るエネルギーの補給と休息をとるために何億羽も降り立ち、野鳥愛好家に絶賛されるエリアだった。その晩、スティーブンソンは橋の近くの砂丘にいるフエコチドリの小群と、それをつけ狙う一頭のネコの動きを探っていた。フエコチドリが絶滅危惧種で保護が必要なのを知っていたスティーブンソンは、そこにネコがいることそのものに激怒した。侵略的外来種の野放しネコは放置されたまま、ESAが定める「健全で健康な」状態にフエコチドリの生息数を回復させる努力を無にしていた。スティーブンソンはその朝、サンルイスパスに到着し、橋の下にいる他のネコに混ざって、前の晩にフエコチドリをつけ狙っていたネコを見つけ出した。彼は二二口径のライフルを構えて狙撃し、そのネコは即死した。

図 6-3　テキサス州ガルベストンを拠点に活動する鳥類学者ジム・スティーブンソン（写真ではニシダイヤガラガラヘビを持つ）。2006 年に営巣中のフエコチドリを保護するために野放しネコを殺して論争の渦中に入った（ジム・スティーブンソン氏提供）

スティーブンソンのこの自然環境自警主義（エコ・ヴィジランティズム）が誰にも気づかれずに終わることはなかった。上を走る有料道路の料金所で働くジョン・ニューランドが、銃声を耳にし、スティーブンソンの車が走り去るのを目撃したからだ。ニューランドは、このネココロニーにいつも食べ物や水をやって世話をし、愛情をかけていた。ネコを殺したスティーブンソンに怒りを募らせたニューランドは、すぐに地元警察に通報し、スティーブンソンはまもなく投獄された。彼は動物虐待罪で訴えられた。テキサス州で動物虐待罪を犯した場合、最高二年の拘禁刑と一万ドルの罰金が科されることになっている。テキサス州法第四二・〇九（二）項「家畜ではない動物の虐待」によると、「故意に」虐待の罪を犯すとは次の行為を意味する。

・動物を痛めつけたり残酷な方法で殺したり、深刻な身体的損傷を与える行為
・飼い主の同意なしに、動物を殺したり、毒を盛ったり、深刻な身体的損傷を与える行為
・人の庇護下にある動物に、理由なく必要な食べ物、水、世話、もしくはシェルターを与えるのを怠る行為
・人の庇護下にある動物を理由なく遺棄する行為
・残酷な方法で動物を輸送したり閉じ込めたりする行為
・飼い主の同意なしに、動物に身体的損傷を与える行為
・動物を他の動物と戦わせる行為（どちらもイヌでない場合）
・生きた動物をイヌのレース競技の練習やレース競技で使用する行為
・動物を酷使する行為(3)

たとえ法律がスティーブンソンに味方する可能性はあっても、明らかに彼は硝煙が残る銃を所持していた。

野放しネコの法的位置づけ

スティーブンソンの運命は、少なくともある程度は、ニューランドが餌やりをしたネコの法律上の地位をテキサス州がどう定義するかにかかっていた。餌を与えられていたネコはペットなのか、それとも有害動物なのか？　これは単純な問題ではなかった。動物福祉法（アメリカ合衆国法第二一三一項）はペットの人道的な世話と扱いを規定している。そして多くの州は動物虐待、ワクチン接種の要件、ペットの遺棄に関して成文化された法律を持っている。しかし、ほとんどの州はイヌに関する規則は数多く定めているものの、ネコに関する規則は、所有者のいない野放しネコがペットなのか有害動物なのかも含めて、ほとんどない。この本の執筆時点においては、わずかにロードアイランド州の州法でのみネコの（飼育）免許取得が義務付けられており、ヴァージニア州やルイジアナ州を含むいくつかの州では、地方自治体が独自のネコ免許制の規約作成に乗り出している。

野放しネコは、明確にペットでも有害動物でもないために、法律上は曖昧な存在である。「法的な定義によれば、野生化した動物とは、家畜化された動物が逃げ出して、自然環境の中で人による支援を受けずに生活する動物のことである。彼らは野生動物とはみなされないので、州の動物管理局の管理下には置かれない」と、ミシガン州立大学法学部の所有権・動物法のナンシー・ヒースコート教授職であるデイヴィッド・ファーブルは説明する。[4] 州または自治体がもし望めば、法律を作るためにそれぞれの権限を行使しうるだろうが、そうするように強制するものは何も存在しない。ファーブル教授によると、異なる自治体が、それぞれ決定を下すときに、異なる政治的圧力や情報に基づいて公共政策的アプローチをするため、法律上の混乱が生じるという。「法律上の位置づけではなく、何をすべきかについての政治的コンセンサスがないこと。それこそが問題です」と、ファーブル教授は付け加えた。

希少種保護のための二つの法律

ジム・スティーブンソンの事件に適用しうる二つの連邦法は、一九一六年制定の渡り鳥条約法（MBTA）と、絶滅危惧種法である。渡り鳥条約法では、法を犯した個人、もしくは企業などは、最高一万五〇〇〇ドルの罰金か六ヶ月の懲役、もしくは両方の刑罰を科される可能性がある。企業は池を（野鳥に危険が及ぶ）農薬で汚染する行為から、電線を（野鳥を感電させる原因となる）適切ではない手法で絶縁する行為に至るまで、渡り鳥条約法に違反する行為に対して責任を問われてきた。フロリダ州の土地利用を取り扱う弁護士パメラ・ジョー・ハットレーは、ネコを自然環境に放し、そのネコが渡り鳥を殺した場合、放した当人は渡り鳥条約法に違反したことになるかどうかという疑問を提起している。もし事業者が化学物質の偶発的な漏出が原因で渡り鳥が死亡することに責任を負うのであれば、いい加減なペット所有者や、コロニーの世話を奨励する個人もしくは団体が関係するネコあるいはネココロニーが引き起こす渡り鳥の死亡に対して、個人もしくは個々の団体が責任を負わないで済むだろうか？

スティーブンソンが逮捕されたときにはすでに、ハワイ州の絶滅危惧種の鳥、キムネハワイマシコ（パリラ）対ハワイ州政府土地天然資源局の裁判において、絶滅危惧種法が首尾よく適用されていたと、彼の弁護士のハットレーは指摘する。この裁判では野鳥の生命を間接的に奪うことが問われていた。ハワイ州は狩猟目的で野生化ヒツジとヤギを公有地で管理していたが、ネコと同じ侵略的外来種であるこれらの動物がハワイの固有植物マーマメを食べていた。この木は今日、ハワイ島のマウナケア火山の斜面の上部にしか生息しないハワイミツスイの一種、キムネハワイマシコの餌木と棲みかになっていた。第九回巡回裁判所の控訴審は、絶滅危惧種が必要とする重要な生息地の破壊はその種を脅かす行為にあたるとみなした。ハワイ州土地天然資源局はヒツジとヤギの存在に責任があるため、その責任を負うべきと裁定された。この判決が下されるとハワイ州は侵略的外来種であるヒツジを生息地から一掃するため、マウナケアでのヒツジの猟期を通年にし、捕獲数の制限を解除した。スポーツハンティングの増加は、土地天然資源局が行う空からの射撃を補ってきた。現在、キムネハワイマシコはかろうじて回復の兆しを見せるが、まだ多くのヒツジが残る。二〇一三年だけでも三〇〇〇頭がマウナケア火山から排除された。

ハットレーは、フロリダ州では一部の地方自治体がネココロニーの維持を許可する条例を採択していることに注目している。この状況を読み解くと、絶滅危惧種法を適用すれば、地方自治体はコロニーの野生化ネコが絶滅危惧種を殺した場合に責任を問われる可能性がある。野生化ネココロニーに属するネコが絶滅危惧種を殺した場合、そのコロニーの世話人が責任を問われると推察することはさほど拡大解釈にはあたらない。この論法はまさにスティーブンソンの弁護士テッド・ネルソンが裁判に用いようとした答弁そのものだった。

野生化ネコに対する提案と炎上する議論

ガルベストンのサンルイスパスの橋の下を棲みかにする野放しネコのコロニー（執筆時点では少なくとも三頭のネコが残っている）は、数万ヶ所もあるネココロニーの一つにすぎない。無数の要因がアメリカの都市域、郊外、地方の野放しネコの数の爆発をもたらした。そのなかの主要因は無責任な飼い主による遺棄であり、さまざまな程度の餌やりと世話をする「ネココロニーの世話人」や個人の増加である。後者は、屋外のネコの寿命を引き延ばすのを助けてきた。ネコの爆発的増加のもう一つの要因に、愛護団体や動物シェルターのような愛玩動物の管理組織が行った「殺さない」方針への舵取りがある。少し昔であれば、ジム・スティーブンソンがサンルイスパスに向かわざるをえないと強く思う必要はなかっただろう。なぜなら、動物管理局の担当者が出向いてネコを捕獲し安楽死させ、フエコチドリがネコの獲物になる運命から救っていたからだ。そしてそれをとがめる人はほとんどいなかっただろう。

二〇〇五年、アイオワ州とミネソタ州との州境近くにあるウィスコンシン州南西部の小さな町ラクロスで開かれたウィスコンシン州自然保護会議（ＷＣＣ）の春季会合で、マーク・スミスという消防士が演台に歩を進めた。スミスは会議の出席者に対して、農家、狩猟者、そしてその他の住民が生息数を抑制するために野良ネコを殺すことができるようにと提案をした。当時、すべてのイエネコは州の保護種リストに入っていた。彼は、野放しネコが裏庭に置いた鳥の餌台の周りに集まり、機会があれば訪れた鳥を襲おうとすることに苛立ちを感じていた。スミスはネコ嫌いではなく、とにもかくにも人がネコを管理下におけるようにしてほしいと求めた。ラクロス聴聞会では、二〇〇五年のＷＣＣの議題にするという案が、五三対一で通過した。WCCは、自然保護問題に関する一般市民の意見を集めるために州によって設立された独立組織である。その提言に拘束力はないが、ウィスコンシン州天然資源局（DNR）に検討案件として伝えられる。

一般市民メンバーが野放しネコの「狩猟解禁」宣言をWCCに提案したのはこれが初めてではなかった。一九九九年に提案された前回の試みは、多くの注目を集める前に議会で棄却されていた。ウィスコンシン州の他の部局とともにDNRの職員らは、これが議題六二になるように願っていた。「議題六二：野生化ネコ」と名付けられた提案は、投票者用のパンフレットに以下のように記載されている（括弧内は筆者注）。

野放しの野生化イエネコ〔訳注：以下、野生化ネコとする〕の影響に関する研究がウィスコンシン州で行われた（第2章、テンプルとコールマンの研究を参照）。これらの研究は、野生化ネコが数百万個体もの小型哺乳類や鳴禽類と狩猟鳥を殺していることを示した。鳴禽類の毎年の捕殺推定数は四七〇〇万羽から一億三九〇〇万羽にも及ぶ。こうした野生化ネコはウィスコンシン州の在来種ではない。にもかかわらず、在来種を殺し、その結果、在来種を減少させている。

現在、野生化ネコは、保護種とも非保護種とも定義されていない。したがって、ウィスコンシン州は、所有者の直接管理下にないか、所有者が首輪を付けて所有物であることを示さないあらゆるイエネコを野生化ネコと定義し、非保護種リストに入れることとする。

議題六二、あなたは、州のDNRが野生化ネコを上記のように定義して非保護種とする手続きに賛成か?[5]

WCCは、魚や野生動物に関する規則変更の提案について市民が意見を述べる公聴会を、四月第二月曜日に州全体の七二郡すべてで同時開催している。その年の会議は四月一一日に予定されていた。ウィスコンシン州がまだ凍てつく真冬の寒さに覆われていた頃から、野外ネコの擁護者たちは決議反対を支援する声をあげ始めていた。マディソン地区のマッドキャットという名のペットショップの店主、テッド・オドネルは、ウィスコンシン・キャットアクションチーム(ウィスコンシンCAT)と呼ぶグループを結成し、二月一六日にウェブサイト「DontShoottheCat.com(ネコを撃つな)」を立ち上げた。

この草の根的な活動に引きつけられたメディアの関心は、この問題がとりわけネコ擁護者の間に起こした論議を炎上させる方向に向けられた。数日後には地元の報道機関がネコ問題の話を拾い上げ、野放しネコの扱いをめぐる話題ははるか遠くにまで広がって、ロイター、アソシエートプレス、フォックスニュースに取り上げられていった。オドネルは仕舞いにはABCテレビの主力報道番組ワールドニューストゥナイトにも出演した。スタジオで紹介されると〝ネコを撃つな〟と書かれたTシャツを着たオドネルは、ネコを撃つハンターが、ウィスコンシン州は進歩的だというよい評判と観光産業にダメージを与えるだろうと熱弁を振るった。

CNNテレビでの別のインタビューでオドネルは、DNRが決議に関する文書で引用したウィスコンシン州の野鳥に対するネコの捕食影響をまとめたスタンリー・テンプルとジョン・コールマンの報告書の有効性に疑問を投げかけた。オドネルは、「テンプルが、アメリカでおそらく最も熱狂的な反ネコ活動団体のアメリカ鳥類保護協会と結びついている」ゆえに、報告書の結果はゆがんでいるとまでほのめかしたのだった。[6] アメリカ鳥類保護協会は「アメリカの野鳥保護を成し遂げるために献身する」と公式に述べている。

議題六二を取り巻いて炎上した論争は、アンディー・ビバースドルフの映画「Here, Kitty Kitty（おいで、ネコちゃん）」に見事に記録されている。この映画は、議題六二から生じた論争を扱いながら、野放しネコに対して何をなすべきかという、大きな問題に辿りつくドキュメンタリー映画である。この映画の中で、DNRの代表者は、四月一一日の投票に向けて二〇〇〇件もの電話と五〇〇〇通もの電子メールを彼女一人で対応したと報告している。

マーク・スミスとスタンリー・テンプルはともに、殺害脅迫を受けたと語った（テンプルの一〇年前の研究が彼に対する辛辣な批判を巻き起こしたのだった）。映画の中で、テンプルは自分のオフィスの電話に録音された、次のようなぞっとする女の金切り声を再生している。「このネコ殺し野郎、報いを受けろ！　テンプルを仕留める猟期が開始されたと、私はここに宣言する！」。彼はまた真夜中に自宅の敷地で複数の車を乗り回されたり、朝、職場に着くと脅迫状がドアに貼り紙されていることも何度かあったと述べている。テンプルを知る人々は、このときだけは彼が震えていたのをはっきり見たと証言した。念のために書き残すが、テンプルは実際一度もネコを殺したことも殺そうとしたこともなかったし、議題六二の提出にも関与していなかった。テンプルは、報告書の共著者であり研究室で指導した大学院生コールマンが、狂信者たちからの厄介で恐ろしい脅迫行為にあまりにたびたび悩まされた結果、無事に博士号を取得した後はネコには関係のないことがしたいと、ただひたすら願っていたと語った。

拒否された投票結果

映画には、二〇〇五年四月一一日のマディソンでのＷＣＣ会議におけるパブリックコメントも取り上げられている。当時、複数の報道機関が伝えたように、会議場となったアライアントエネルギーセンターでは、実際にとんでもない騒動が起きていた。参加者の一部には、ネコの耳やヒゲをつけた人もいたし、狩猟用の迷彩服を着込んだ人もいた。議長は、関心を持って出席した市民が意見を陳述できるように、会場の秩序と礼儀をわきまえさせるのに奮闘していた。

一人の女性がマイクに歩み寄り、六五頭の野生化ネコを飼育し、世話のために数年間で数十万ドルを使っていると話したときは、参加者から驚きと恐れの入り混じったため息が漏れた。ある男性は、新しい制度を支持する者のなかに、ネコはウィスコンシン州の在来種ではないという事実を強調する者がいるが、白人も同じようにもとからいたわけではないと述べて、大きな笑いを誘った。騒がしい夜の終わりに、マディソンと州内の他の七七郡でも投票が行われた。その結果、六八三〇票が議題六二を支持し、五二〇一票が反対に投じられた。

過半数のＷＣＣ出席者（五七パーセント）は、「野生化ネコ」の狩猟を許可するようにウィスコンシン州の制度変更を支持したが、この投票行為はまったくの徒労に終わってしまったことがすぐに判明した。五月一七日、ＷＣＣはこの法制度の変更案がこれ以上検討されることはないと発表したのだ。ウィスコンシン州天然資源委員会にこの方策を提示するというＷＣＣのメンバーの投票結果にもかかわらず、ＷＣＣの実行委員会がこれを拒否した。法律になるには、委員会が方策を承認したうえで州議会に諮り審議される必要があるため、まずは委員会を通過しなければならなかった。さらにその後、知事が署名しなければ法律にはならない。

実際のところ、たとえ議題六二が法律になったとしても、ウィスコンシン州において増加し続ける野放しネコの生息数にはほとんど効果がなかっただろう。ネコの狩猟は、現在ミネソタ州とサウスダコタ州では合法であるが、野放しネコの生息数に対する狩猟の影響はほとんど見られていない。映画の終盤でテンプルは、マウスやラット、ハト類やムクドリ、あるいはスズメといった非保護動物を列挙して、「非保護動物に指定したからといって、これらを大幅に減らすことはできていない」と、個々の種（あるいはこれら複数の種）の生息数の管理に非保護動物指定措置は効果がないことをほめのかす意見を述べている。

農村地域では、厄介者の野放しネコに「撃って埋めて黙らせる」という突然の暴力的な終わりを迎えさせる方法が、かなり一般的に行われていた。議題六二に関する騒動がこの風習を変えると考える理由はほとんどなかったが、その後の数ヶ月は「七〇代のネコ殺し」と呼ばれたマートル・マリーのことを含む農村でのネコ殺しの事例が数回、ウィスコンシン州の新聞記事の一面を飾ることにはなった。マリーは、彼女の隣人のネコが何度も庭に入って野鳥を襲い、動物管理局に電話しても助けが得られなかった後、毒を盛ったと認めた。

ウィスコンシン州の混迷した議題六二の難局は、一〇年経った今、アメリカ人のネコや野鳥に対する考え方について何を語ってくれるだろうか？　決議に賛成票を投じた過半数の市民の支持にもかかわらず、ＷＣＣの実行委員会が提案を州の天然資源委員会に提出したがらなかったことから、政治団体がネコに関する陳情を受け止める意思はほとんどないと結論づけることができる。事実、二〇〇五年四月一一日の会議の前に当時の州知事ジム・ドイルが、もし野生化ネコの狩猟法案が届いたら、署名は拒否すると言ったという記録が残っている。有名な保護団体、特に全米オーデュボン協会は、会員の一部を失うことを恐れて、あえてこの問題に強い立場をとるのを避けたようである。結局のところ、多くの野鳥愛好家はネコも飼っているのだ。

テンプルは最近、議題六二当時のことを尋ねられ、「政策面での変化はまったく起きませんでした。野放しネコを扱う政策を明確にすることに関して、連邦政府からの反応はありませんでした。私が議題六二から得た最大の教訓は、伝えたい考えをメディアに支配させてはならないということでした」と語っている。[7] ほとんどの報道で、ネコ擁護派がネコの行動や影響に関して共有する主張に対する反論はまったく取り上げられなかった。アメリカ政府の関係当局は、殺すことで野放しネコの生息数を管理する考え方には抵抗の姿勢を示している（心から反対してはいないかもしれないが）。

オーストラリアのネコ問題

オーストラリアでは、政府当局者が多くの絶滅危惧種を絶滅から救うために一丸となっているため、まったく異なる信念で野放しネコの管理戦略がとられている。

イエネコは、早ければ一七世紀にヨーロッパからの来訪者（難破船にオランダ人船員もいた）とともにオーストラリア大陸に上陸したか、イギリス人が植民地経営を始めた一八世紀の終わり頃までには間違いなく上陸していたと見られる（南極と同様、もともとオーストラリアには、どんなネコ科動物も在来種はいっさいいない）。一九世紀半ばまでに野生化ネコの植民地が、湿地の熱帯雨林と沖合のいくつかの島を除いて、オーストラリア大陸の大部分に確実に形成された。これに加えて一八〇〇年代の終わり頃には、非在来種のアナウサギ、ラットおよびマウスの数を減らすために、ネコが意図的にオーストラリア大陸に導入された。

これまで述べてきたように、ネコは非常に優れた捕食者なので、数百年の間にオーストラリアの在来の動物相に大きな影響を与えたが、皮肉にも非在来種のアナウサギやネズミ類の生息数には何の影響も与えなかった。事実、多くの在来小型哺乳類（オーストラリア環境省によると二七種）と地面で生活する数種の鳥類が、ネコの捕食が主な原因で絶滅した。別に導入されたキツネの捕食も間違いなく在来動物の絶滅の原因となった。

生物多様性の保全、特に絶滅危惧種に関する研究、管理、支援、政策を手がけるチャールズ・ダーウィン大学の環境と暮らし研究所教授のジョン・ワイナスキー博士は、「多くのオーストラリアの在来哺乳類は野生化ネコやキツネがたやすく捕れる獲物でした」と語った。「これらの動物が導入される前は、同じような在来捕食者はいなかったからです。絶滅した在来哺乳類のすべての種は、オーストラリア中央部の乾燥地帯に分布する小型齧歯類に似たカタアカバンディクートのように、小さくて臆病な夜行性の動物でした。人々はこの小動物をほとんど知らなかったので、大事にも思っていませんでした。これらの動物の繁殖率が低いことも絶滅に拍車をかけました[8]」

野生化ネコとこれらのオーストラリアの絶滅種との関係は、いくつかの団体で「ネコ帽子の男」として知られるジョン・ワムスレー博士が最も熱く語っている。一九七〇年代の初めから、ワムスレーは野生化ネコの毛皮で作った、正面にネコの顔を付けた帽子を被って公開イベントに出演していた。彼は二〇〇五年のインタビューで、「一部の動物解放主義者たちは、私が自分の所有地で野生動物を殺す野生化ネコに対して何をしようとしても、それは違法だと指摘し、私が実行すると私を訴えようとしたので、私は法律そのものを変えなければなりませんでした」と回想している。同じインタビューで、自身のネコ帽子による意見表明は確かに注目を集め、「新聞がそれをどのように報道し、死の脅迫がどこから来るのかも正確にわかっていました」と語った。[9]

「ワムスレーはある意味、変わっているが、間違いなくカリスマ性を持っています」とワイナスキーは言う。そしてワムスレーの貢献は、論議を呼ぶネコの被りもの程度では収まらなかったとワイナスキーは賛辞を贈った。「彼はネコとキツネが侵入できない囲いを築造し、在来種が外来捕食者のいない環境で生きられるようにしました。ネコのいない環境を創出したこれらの実験で、捕食者がいなければ在来種は繁栄できることを証明しました」

ネコ帽子男のふざけた格好と捕食者のいない環境を創出した実験は、ネコがオーストラリア本来の動物相に及ぼしてきた影響への認識を間違いなく高めた。環境省が実施した二七種の固有哺乳類の絶滅要因の分析結果から、ネコが絶滅の原因の一つとされたことでオーストラリアの目的意識はさらに強化された。ワイナスキーは、「いったん報告書が出ると、在来種の幸福な生活について懸念する団体は、連邦環境大臣に対し、オーストラリア固有種の絶滅を食い止めるべきだと、なんとか説得しようとしました。その最大の機運をもたらしたのが野生化ネコ反対キャンペーンをやることでした」と続けた。

人道的駆除計画

人道的な安楽殺による野生化ネコ管理を求める意見がオーストラリアで政策になるまでには、おおよそ二〇年の歳月を要した。ここで言う人道的とは「最小限の苦しみ」を意味する。野生化ネコによる捕食は、一九九二年のオーストラリア連邦絶滅危惧種保護法において、絶滅危惧種の主要な脅威の一つとして記載された。これにより、一九九九年に野生化ネコによる捕食の脅威を軽減するための計画（TAP）が環境局によって作成され、二〇〇八年には環境水資源遺産文化省（環境局の後身）によって改定計画が作成された。二〇〇八年の計画では「本土全域でのネコの根絶こそがTAPの理想的な目標だが、現在の資源と技術では実現不可能である」と述べられた。さらに「ネコが生物多様性への最大の脅威となっている対象地域で、根絶に代わって数を抑制し、影響を緩和する管理がなされなければならない」と記述された[10]。ネコによる捕食の削減に関する政府文書では、ネコの生息数を減らすことは、在来種の回復を保護し、救済する手段としてのみ評価され、殺すことが目的ではないことが強調されている。TAPはまた、「野生化ネコを抑制する方法の選択肢の有効性、対象特異性、人道性、そしてそれらを統合すること」の必要性を強調し、「TAPの目的と行動および野生化ネコを管理することの必要性に対して、すべての利害関係者の認識を向上させること」の重要性をとりわけ強調している。

野生動物へのネコの影響を緩和するためのTAPやその他の国家戦略に加えて、オーストラリアの多くの州や準州は、飼いネコの繁殖と捕食の可能性を制限する法律を導入してきた。地方レベルでは多くの市町村が、一部地域でのネコの飼育禁止、不妊もしくは去勢手術の強制、個体識別、飼いネコの室内飼育などを含む法律を導入している。

二〇一五年七月、オーストラリア政府は、野生化ネコが原因の一つで絶滅の危機にさらされる一〇〇種以上の哺乳類（フクロアリクイおよびミミナガバンディクート、バンディクート、ネズミカンガルー他）と三〇種以上の鳥類（ウズラチメドリ、ナンヨウクイナ、オトメインコやアカハラワカバインコ他）に対して実施しうる臨時の救済努力目標として、二〇二〇年までに二〇〇万頭の野生化ネコを駆除する計画を発表した。オーストラリアの環境大臣グレッグ・ハントは、「『私たちの目の前で、私たちの時代に、在来種をこれ以上絶滅させない』ことを譲れない一線とする」と言明した。[11]

駆除計画の大部分は、好奇心を意味する「キュリオシティー」という名前の、とりわけネコを引きつけるように作られた皮なしソーセージに入れられた毒の成功にかかっている。これはネコ根絶を意味するエラディキャットの改良版の毒餌で、カンガルー肉、鶏の脂肪、調味料および一投与量の毒物質パラアミノプロピオフェノン（ＰＡＰＰ）を配合したものである。ＰＡＰＰは、動物の血液中のヘモグロビンをメトヘモグロビンに変換することによって呼吸を抑制し死に至らしめる。ＰＡＰＰ摂取による死亡は、睡眠状態に陥って目を覚まさない状態に似ている。厳選地域での試験では、野生化ネコ以外の非標的種は、餌に興味がないか、ＰＡＰＰ含有カプセルを食べようとしても吐き出すことが示された（餌としてではなく毛づくろいでＰＡＰＰを摂取させる方法も研究されている）。イギリス王立動物虐待防止協会（ＡＳＰＣＡのイギリス版）は、ＰＡＰＰを摂取したネコは人道的な死を迎えると表明している。

オーストラリアでは野生化ネコが、田園地帯のほとんどに非常に広範囲に散らばって生息している。それらの地域ではネコが固有種の野鳥や哺乳類に大きな脅威を与えているが、ワナや銃などによる管理技術や在来種を捕食から守るための大規模な柵の設置は、経済的または運用上の観点から実現不可能である。その代わり毒餌が、航空機から危機に面した重要地域に撒かれる（人の居住域の中心から遠く離れたエリアに撒かれるので、飼いネコが外に出てキュリオシティーにさらされる危険はほとんどない）。クリスマス島を含む野生化ネコが生息するオーストラリアの島々では根絶計画が進行中である。

オーストラリア政府は、二〇一五年に始まる根絶の取り組みに対して、最初の四年間で一億オーストラリアドルを上回る資金の投入を決めた。研究者らは野生化ネコの個体群にウイルスを導入する可能性も模索している。これが広域で根絶させる最良の方法と確信する研究者もいる。

固有動物相を大切にするオーストラリア国民

なぜオーストラリア国民は野生化ネコを大規模に殺すことを容認するのだろうか？　オーストラリア国民は国民性としてネコに対する根強い敵意でもあるのだろうか、あるいは無関心なのだろうか？必ずしもそうではない。オーストラリア国民のネコに対する態度について質問を受けたオーストラリアの絶滅危惧種委員であるグレゴリー・アンドリュースは、「多くのオーストラリア国民はペットとして飼いネコを愛しています。しかし野生化ネコを含む野放しネコは野生生物、とりわけ小型哺乳類やトカゲ、カエル、地上営巣性の鳥類に明らかに壊滅的な影響を与えているとの認識を強めています。国民は独自で固有の動物相を高く評価しており、これらの固有種はオーストラリアの文化的固有性にとって重要なのです」と答えている[12]。

大多数のオーストラリア国民が野生化ネコ根絶への取り組みを開始する政府の決定を受け入れているが、外国人のなかには反対表明が必要だと思う人もいる。フランスの女優ブリジット・バルドーは、「この動物の大量虐殺は、非人道的でばかげている」と主張し、オーストラリアは野生化ネコを殺すのではなく、不妊化をすべきと主張している。イギリスのポップ歌手であるモリッシーも、オーストラリア政府を「動物福祉や動物へ敬意を払うことに無関心な牧羊業者の集まり」と呼んで、これに同調した。[13] 前に紹介したいくつかの例のように、これらの非常に声高な主張は、導入された捕食者が犯す在来種の「大量虐殺」を見落とし、オーストラリア大陸の一〇〇種以上の絶滅危惧種に対しては「動物への敬意」をほとんど払っていないように見える。

ニュージーランドの取り組み――キャッツ・トゥ・ゴー

オーストラリア国民が野生化ネコに被害を受ける在来動物相を重く見ているのは疑う余地がない。隣の島国、ニュージーランドでは、国のシンボルであるキーウィが大切にされ、五種のキーウィが今も生息している。一方、これらのキーウィはオコジョ、フェレット、イヌ、ネコといった外来捕食者によって絶滅に直面しうる。それはキーウィに限ったことではない。カカ、ニュージーランドクイナ、ハシブトホオダレムクドリ類、モファムシクイ類、セアカホオダレムクドリ類などの多くのニュージーランド固有の鳥類は、ネコなどの外来捕食者によって、いつでもスチーフンイワサザイ（第1章参照）が辿ったのと同じ運命に直面するだろう。

経済学者から投資家、慈善事業者、社会運動家に転じたニュージーランド人ガレス・モーガンは現状に満足せず、これを打破する手段と気骨の両方を持ち合わせている（図6-4）。

二〇一三年一月、モーガンは「キャッツ・トゥ・ゴー（ネコは出ていけ、Cats to Go）」キャンペーンを立ち上げ、そして他のどの国よりも人口比でネコの飼い主が多いとされるニュージーランドの愛猫家の怒りを買った。モーガンのアプローチは一目でわかる。キャンペーンのウェブサイトは次の言葉で始まる。「あなたが所有している毛球のような小さな生き物は、生まれついての殺し屋です」「毎年、ネコはニュージーランドで、もともとこの地に暮らす動物を殺しています。もし私たちが自分たちの自然環境を本当に心配するのであれば、ネコはこの地から出ていかなければなりません」と宣言は続く。やや憂鬱なネコの絵が扉を飾るキャッツ・トゥ・ゴーのウェブサイトは、野放しネコがニュージーランドの野生動物に与えた被害を紹介し、一見おとなしそうに見えるが「毛皮をまとったあなたの友は実際には愛想の良い連続殺害魔」で、外に出るすべてのネコはハンターそのものだと警告する。ウェブサイトでネコのいない本来のニュージーランドを解説し、続いてTNRプログラムを肯定する動物虐待防止協会を非難している[14]。

図6-4　投資家から転身した慈善事業家・社会運動家のガレス・モーガンは、ニュージーランドの在来種の回復のために、キャッツ・トゥ・ゴー（ネコは出ていけ）キャンペーンなど数多くのキャンペーンで先頭に立っている（モーガン財団提供）

サンフランシスコを小さくしたような魅

力的な街、ニュージーランドのウェリントン市のウォーターフロント近くに立つ古いレンガ造りの建物の二階に、モーガン財団のオフィスはある。急な斜面を下ればラムトン港へ行き着く。仕切りがないオフィスでは何人かのスタッフがコンピュータの大画面に向かって働いている。広い額、カーブを描いて唇の下まで伸び、やや悲しげな印象を与える赤い口ひげと、柔和で茶目っ気のある振る舞いが、モーガンを印象づけている。

キャッツ・トゥ・ゴーの発端は「アワ・ファァー・サウス（私たちのはるかなる南）」プロジェクトにあるとモーガンは言う。「簡単にいえば、私たちは異なる人生を歩むさまざまなニュージーランド人を集めて、科学者たちと船に乗って、亜南極にある島々まで航海し自然体験をしてもらいました」と、朝食のサンドイッチを頰張りながら彼は語った[15]。その地域の自然環境を間近に見ることで、ニュージーランドの島々と本土が直面する生態学的問題への認識を高めてもらう企画だった。モーガンと旅の仲間たちが持ち帰った新たな共通理解の一つは、とりわけラットやマウスといった外来捕食者が島々の野鳥の生息数に影響を与えているという事実だった。いくつかの島では、海鳥の卵やヒナを食べる齧歯類の根絶が地道に行われていた。

「これがきっかけでニュージーランドの島の侵略的外来捕食者への対処に関心を持ちました。まずアンティポディーズ諸島で唯一の哺乳類であるマウスの排除が可能かどうかを見極めることにしました」とモーガンは続ける。モーガンらは「ミリオンダラーマウス（一〇〇万ドルのマウス）」と呼ぶこの運動の費用を捻出するために一〇〇万ニュージーランドドルを目標とする募金活動を立ち上げた。その結果、ニュージーランド国民から二五万ニュージーランドドルの寄付が集まり、世界自然保護基金（ＷＷＦ）

は一〇万ニュージーランドドルを支援してくれ、モーガン自身も同額を拠出した。これらの資金はプロジェクトの着手に十分な額となり、さらにニュージーランド自然保護局が残りの費用を拠出すると表明した。毒餌を用いたこのハツカネズミ根絶事業は二〇一六年春に本格的に始まった。

ミリオンダラーマウスプロジェクトが非常に順調に進んだので、モーガンと彼のチームはもっと大きな島で外来捕食者問題の解決に取り組みたいと思い始めた。「それが、ニュージーランドで三番目に大きい島、スチュアート島です。その島の外来捕食者がフクロギツネ、ラット、ネコだと教わるなかで、『ネコ？　ネコは他の場所でも野生動物の捕食者なのか？』という私の問いかけに、肯定する回答が戻ってきました。とりわけ町や都市でネコは野生動物への影響が大きい捕食者とわかりました。これがキャッツ・トゥ・ゴー誕生のきっかけでした」とモーガンは語った。

キャッツ・トゥ・ゴーを率いたことで、ニュージーランドで最も嫌われる男になってしまったと、モーガンは冗談交じりに話したがる。キャッツ・トゥ・ゴー・プロジェクトは間違いなくネコの捕食問題にニュージーランド国民の関心を集めたし、もちろんそれをモーガンは狙っていたのだった。家の中であなたの膝の上にいるネコについては、モーガンは問題にしない。だが、野外からはネコがいなくなってほしいと願っている。アメリカと同様にニュージーランドでは野放しネコへの法的制裁がなく、飼いネコと飼い主がいないネコとの制度上の区分もない。野放しネコの問題が市民の話題にのぼる今こそ、モーガン財団はその区別を体系化する仕組み作りに邁進する。

彼の有害動物管理戦略では、すべての飼いネコが登録されマイクロチップが埋め込まれ、徘徊するネコを捕獲する動物管理官のネットワーク作りに予算が計上されることになる。捕獲されたネコはマイクロチップの有無を検査され、チップが入ったネコの所有者には連絡が行き、引き取り期間として数日が与えられる。もし、飼い主が引き取りに現れなければ、そのネコは処分されることになる。チップが入っていないネコは有害動物に分類され、こちらも処分される。財団の目標は、地方自治体（地方政策を決定する）にロビー活動を行ってこのプログラムの実行可能性を示し、最終的にはこの管理戦略を国家が採用することにある。ニュージーランドでは他の外来捕食者の管理戦略は準備が万端まで整っており、今こそネコに対して行うときがきた、とモーガンは力説する。

「人々は口々に、都市には野生生物などいないのに、どうして気にかけてやらなければならないのか？と言います」。コーヒーカップを手にモーガンは歩き回りながら、さらに続けるのだった。「野鳥が街に定着するのを妨げているのは何もコンクリートだけではありません、血に飢えたネコもです！」。モーガンは街中でのネコの行動を示す目的で、一組の自動撮影カメラを購入し、ウェリントンの彼の所有地に設置した。自動撮影カメラは、動物が前を通るとその動きに反応してシャッターが切られ動物が撮影される仕組みだ。狩猟者や生物学者が獲物や動物の有無を調べるために使用している。初日の夜、カメラは異なる九頭のネコが敷地を横切る姿を記録した。彼は次々にカメラを購入してはウェリントンのあちこちの庭に設置していった。その結果、カメラの映像は驚くべき数のネコの訪問状況を映し出した。映像記録で推定したウェリントン市街地全体での、その年のネコの訪問記録数は、実に四九〇〇万回に達したのだった。

ダウンタウンからわずか一〇分のところにあるウェリントンの丘に、ジーランディアと呼ぶユニークな自然保護区がある。二・六平方キロの保護区は、トカゲに似たムカシトカゲ、シロツノミツスイ、セアカホオダレムクドリ、コマダラキーウィなどのニュージーランド固有種に捕食者のいない生息地を提供している。ジーランディアの保護区としての成功は、ひとえに野放しネコを含む捕食者の排除にかかっている。その究極の目的のために、非常に高価なフェンスが、保護区の周りに生息する一三種の外来哺乳類を侵入させないように設計され建てられた。試作品のフェンスには、飛びつく、よじ登る、下を掘る、小さな隙間をよじり抜けるなどの、動物のさまざまな能力を撃退するテストが行われた。その結果、選ばれた設計には、上部の湾曲、金網の壁、地下まで伸びる囲いの三つの要素が含まれていた。一九九九年に完成したフェンスは全長が八キロを超え、カロリ貯水渓谷を完全に囲った。建設費は設計費を除いて二四〇万ニュージーランドドルだった。ジーランディアの維持にかかる経費は年間二〇〇万ニュージーランドドルを超える。

「私にとってみれば、ジーランディアは世界で最も金を喰うネコの餌工場です」と諦めがちに手を挙げてモーガンは言った。「野鳥たちはフェンスを飛び越えて、いきなりバシッ!とネコに捕まるのです。私たちがネコの問題に対処するつもりがないのなら、どうして野鳥の保護区にお金を浪費するのか、私は常に尋ねています。私は人々に、自分たちの税金がどこに消えていくのかを考えさせるようにしています。人々はいつも私に、『私のネコは良い子です。何も殺したりしませんよ』と言います。しかし、もしそのネコが外をうろつきまわっているのであれば、そのネコは生き物を殺しています。飼いネコのムーンビームが鳥に怪我をさせたことは一度もないと言うジョン・キー首相に対して私は、『では、なぜムーンビームを解剖して調べないのでしょうか? もし羽が一枚も見つからなければ、その代わりに私が新しいネコを買ってあげます』と話しました」

もし今の方針が一八〇度変わらなければ、ニュージーランドの五種のキーウィの少なくとも一種は今後五〇年以内に絶滅するだろう。

自然保護のジレンマ

キーウィ、アカハラワカバインコ、フエコチドリの運命は、少なくとも一つには野放しネコなどの外来捕食動物を抑え込めるかどうかにかかっている。こうした抑え込みについての法的、政治的、技術的問題を超えたところに、極めて大きな倫理的・哲学的問題がある。一つの生物種としての運命は一つの個体の運命よりも重いのか、そして、もう一つの価値水準では、一個体の動物の運命は一つの生態系の運命に勝るのだろうか、という問いかけである。

私たちの世界が小さくなり、より多くの動物がもとの生息域を超えた場所に出てくるにつれて、ある動物を救うために他の動物を駆除することがより日常的になっている。太平洋岸北西部では、タイヘイヨウサケとニジマスの個体数が急激に減少し、この二種のいくつもの亜種が絶滅の危機に瀕している。これらの魚が産卵のために生まれた水域に遡上する際に通る主要な河川の一つで、オレゴン州とワシントン州を隔てるコロンビア川は、まさに戦場だ。この河口でアメリカ陸軍工兵隊は、コロンビア川から太平洋に出ようとするサケの稚魚を狙う二万六〇〇〇羽のミミヒメウの駆除計画（射殺数一万一〇〇〇羽と油塗布による一万五〇〇〇卵の窒息死）を立てている。

約二四〇〇キロ上流では、ボネビルダムの魚梯（ぎょてい）（魚道）を遡上しようと待機しているマスノスケは、別な捕食者であるカリフォルニアアシカに直面する。爆竹のような騒音を出すが体は傷つけないかんしゃく玉の使用や、他の非致死的抑止手段ではアシカのサケ殺しを防げなかったため、ワシントン、オレゴン、アイダホ各州の野生生物管理局は問題となっているアシカを安楽死させる権限を連邦政府から取り付けた。それぞれの州政府は現在までに一〇〇頭近いアシカを安楽死させた。これらのケースでは、在来種を救うために他の在来種が殺されている。

一つの生物を維持するために別の生物を殺さなければならないという、野鳥愛好家にとっては、おそらく最も苛立たしい出来事が太平洋岸北西部で展開されている。カリフォルニア州北部、オレゴン州、ワシントン州の原生林では、アメリカフクロウが多くの場合、絶滅が危惧されるマダラフクロウ〔訳注：三亜種いるニシアメリカフクロウの一亜種〕を殺して置き換わってきた。環境関連のニュースに関心のない人々でさえ、広大な森林での伐採を制限することになった一九九〇年代初頭のマダラフクロウ論争を思い出すだろう。この小さなフクロウは、野生状態ではほとんど目撃できないほど絶滅に瀕していた。この鳥の生息地保護のための森林伐採の制限は、伐採者、環境保護団体、伐採禁止措置を維持する当局者の間に敵意に満ちた、時には暴力的な対立を招いた。カリフォルニア州ユーリカからワシントン州フォークスの国道一〇一号線沿いの小さな町を通ると、レストランに掲げられる「マダラフクロウ食べられます」の看板や「マダラフクロウ大好き……フライにしたのが」といったバンパーステッカーを目にすることだろう。

アメリカフクロウは、昔はアメリカ東部に生息していたが、一九四九年までにカナダのブリティッシュコロンビア州北部で観察され始めた。彼らはゆっくりと南下し、一九六〇年代後半までにはワシントン州に、一九七〇年代後半までにはオレゴン州、そして一九八〇年代半ばまでにはカリフォルニア州に到達した。アメリカフクロウは、マダラフクロウと同じ生息地を求めるが、体はマダラフクロウより大きく攻撃的で、より多様な餌を食べ、生存に必要な縄張りがマダラフクロウより狭いことから競争で優位に立つことになる。アメリカフクロウが定着しているところでは、マダラフクロウの生息数は急激に減少している。

連邦政府当局者は、アメリカフクロウがマダラフクロウの生息地に及ぼす影響を抑制する活動として、アメリカフクロウの生息数を減らすために四地域に限りハンターを雇い実験を実施した。ハンターは、それらの限定地域で三六〇〇羽のアメリカフクロウを撃つことが許可されている。指名ハンターの一人、ローウェル・ディラーという退職した野生生物学者は、ナショナル・ジオグラフィック誌での対談で、本来なら崇拝もするような鳥を射撃することに激しい葛藤を覚えたと語った。「初めてアメリカフクロウを撃ちに行ったとき、私は震えていました。自分を落ち着かせなければなりませんでした」と彼は思い起こした。「実際にそんなことができるのか私は自信が持てませんでした。あのように美しい猛禽を撃つなんてあまりに間違ったことだった。今日までずっと心がざわつく思いを引きずっています[16]」

この本の執筆時点で、ディラーは約一〇〇羽のアメリカフクロウを撃っている。ポートランド・オーデュボン協会の自然保護部門の責任者、ボブ・サリンジャーは、一つの種のフクロウを救うために別の種のフクロウを駆除することのジレンマを次のように一言で表現している。「片方で何千羽ものアメリカフクロウを殺すのは到底、容認できないし、もう片方でマダラフクロウの絶滅も到底、容認できない[17]」

多くの倫理学者が、ある動物種を生き残らせるために別の種を犠牲にするという問題に正面から取り組んできた。ビル・リン博士（マサチューセッツ州ウースターのクラーク大学のジョージ・パーキンス・マーシュ研究所の研究者、ロサンゼルスのロヨラ・メリーマウント大学の都市回復センターの倫理・公共政策上級研究員、ボストン近郊のタフツ大学の動物および公共政策〔ＭＡＰＰ〕プログラムの前責任者）は、アメリカフクロウの排除作戦を評価するためにアメリカ魚類野生生物局に雇われた。彼は、マダラフクロウが減った大部分の責任は、人為的な過剰伐採によるものであると結論づけ、もし手つかずの原生林がもっと多く残っていたならば、この二種間で起きている競争は違っていただろうと判断した。人間が問題の発生に手を貸してしまったならば、それがたとえ他の種を殺すことを意味するとしても、絶滅の淵にいる亜種のマダラフクロウが受けた損失を補償するのは、人間の果たすべき役割だとリンは確信している。彼はアメリカフクロウの殺処分を「悲しき善行」と呼んでいる。[18]

もう一つの学派は、在来種が生き残れる状況を維持または促進しようとする自然保護の従来のやり方は、野生生物自身の生活や経験を無視するリスクがあると結論を下している。「心優しい自然保護」と呼ばれるこの考え方は、甲殻類は学習して痛みを感じないようになることができ、ハチは物事を悲観的に考えられるといった動物の認識や感情の状態についての研究を参考にしている。

心優しい自然保護論の指導的発言者は、コロラド大学ボルダー校の生態学と進化生物学の元教授であり、「動物倫理のための動物行動学者の会」をジェーン・グドールと共同創設したマーク・ベーコフである。ベーコフの論理では、動物がどのように考え、感じるかを知るにつれて、私たちが彼らに与える苦痛を無視することはますますできなくなる。「個々の、またすべての動物の命には価値がある」とべーコフは書いている[19]。この基本理念に沿って、ベーコフは動物のある種を救うために、別の動物種を殺すことは受け入れられないと考える。

動物福祉と環境倫理

テキサス州に話を戻そう。サンルイスパスの橋のたもとで起こったジム・スティーブンソンのネコ殺害の騒ぎは、絶滅の危機に瀕する種を守るために野放しネコを殺すことの道徳的な是非に焦点を当てた議論を巻き起こした。ノーステキサス大学の哲学の著名な教授であり、『Encyclopedia of Environmental Ethics and Philosophy（環境倫理と哲学の百科事典）』の編集者の一人であるJ・ベアード・キャリコットは、この事件は二つの状況が絡み合っていると理解した。ニューヨークタイムズ・マガジンでキャリコット博士は、「ガルベストンの場合、ネコを閉じ込めたりネコを撃つことは、動物福祉の観点からは間違っています。環境倫理の観点からは、その種（フエコチドリ）全体が危機にさらされているので正当な行為とみなせます。個人的には、環境倫理は動物福祉倫理よりも優先されるべきだと思いますが、動物福祉の倫理学者は真逆に考えています[20]」と述べた。

コロラド州立大学の哲学の有名な教授で、『A New Environmental Ethics：The Next Millennium for Life on Earth（新環境倫理学：地球の生命の未来をめざして）』の著者である、ホルムズ・ロルストン三世博士は、キャリコット博士と同じ意見を持つが、より憂いを帯びる。「あなたは、この土地にもともといなかった外来動物の野生化ネコを、この環境に適応して進化したフエコチドリに不利になるように取引しようとしています。取引されるのは絶滅危惧種のフエコチドリと、種として危険な生息状況にすらないネコです。この状況では、ネコが味わう痛みとネコに捕食されるフエコチドリの痛みを比較して論ずるのは見当違いです[21]」

ジム・スティーブンソンは、一万ドルの罰金と刑務所に収容されて人生の二年間を犠牲にする可能性のある公判を一年以上待った。その間、彼はガルベストン周辺の野鳥を観察し続けた。そして二〇〇七年一一月一二日の週にガルベストン郡裁判所において、判事フランク・T・カルモナのもとで公判が始まった。

ガルベストン郡の地方検事補ペイジ・L・サンテルは、スティーブンソンが冷酷にもネコを撃ち殺し、そのネコは血にまみれてゆっくりと苦しみながら死んだと陳述した。検事補は、この事件を、橋の担当者ジョン・ニューランドが、餌や寝具、おもちゃを与えてネコの世話をしていたことを主張しようと努めた。ニューランドはそのネコをママキャットと名付けてさえいたのだった。一方、スティーブンソンの弁護人テッド・ネルソンは、不妊去勢手術を受けさせたり、首輪や鑑札を購入するといった行動をとっていないのであれば、ネコに食べ物や玩具を買い与えていたとしても飼い主になったことにはならないと反論した。ニューランドの行動はネコに対する愛情を示してはいるが、所有権は示していない。議論の過程で、犯罪現場の写真が女性八人と男性四人の陪審員に見せられた。スティーブンソンの二二口径のライフルとホローポイント弾の弾倉も提示された。審理の休憩中に、スティーブンソンは記者に、彼を非難した愛猫家たちから、「野鳥なんてただの棒切れにすぎない。私はすべきことをしたのだ」と憎しみに満ちた手紙が届いたと語った[22]。

公判は三日間続き、陪審員は二日間にわたって八時間三〇分をかけて評議した。最後に陪審員長はカルモナ判事に、評決に達しなかったと報告し、一一月一六日に判事は審理無効を宣告した。その後まもなくして、ガルベストン郡地区検事長のカーク・シストランクは、スティーブンソンの事件は再審理されないと発表した。スティーブンソンは期待に満ちていた。「これは地区検察庁が打ち出した正真正銘、前に踏み出せる一歩だと思います。なぜなら、地区検察庁が野鳥愛好家と愛猫家を融和させるために、いくらか前進していることを示し、多額のお金の節約にもなるからです」とレポーターに述べた[23]。

野鳥愛好家と愛猫家が、この判決、あるいは判決が出なかったことで、融和がもたらされたか、そうでなかったかには、異論がある。野放しネコの擁護者の間で人気を博すブログ、キャット・ディフェンダーへのある投稿は決して融和的な調子では書かれていない。

「先週金曜午後のガルベストンの法廷で起きたネコ殺し犯ジェームス・M・スティーブンソンの一連の大勝利を受けて、世界中の野鳥愛好家たちはいまだにはしゃぎまわっている。普段は根暗なあのネコ嫌いの残忍な男でさえ、気持ちの高ぶりを抑えるのは難しく、アメリカの司法制度の茶番劇で血塗られた袖をかざして、終始ほくそえみながら反り返って裁判所を退出した。

二日間にわたる八時間三〇分の不十分な評議の後、八人の女性と四人の男性からなる陪審団がフランク・T・カルモナ裁判官に評決に達する望みはないと伝え、そして審理無効が宣言された。サディスティックな殺害者が陪審を評決不能に持ち込むためには野鳥愛好家かネコ嫌いの人間がたった一人いるだけでよかったが、この裁判では四人もいたのだ[24]」

「テキサス州対スティーブンソン」としてあおられたこの騒動は、少なくとも一つの結果をもたらした。二〇〇七年九月一日、テキサス州議会は、家畜の殺害を禁止するための所有者要件を撤廃することを目的として、動物虐待に関する法律を改正した。「野生化」ネコは新しい法規則で特別に保護されたのだ。

ジム・スティーブンソンが二〇〇七年九月二日にママキャットを撃ったなら、彼はほぼ確実に有罪判決を受けただろう。さらにスティーブンソンを悔しがらせたのは、二〇一五年三月、ガルベストン湾沿いの砂丘における多くのママキャットの存在を確実に合法化するTNR条例の提案を、ガルベストン市議会が六対一で承認したことだった。

第7章　TNRは好まれるが、何も解決しない

問題の核心を知らないときに解決策を提案するのは、問題の核心を知るときよりも、ずっとたやすい。

マルコム・フォーブス（経済誌『フォーブス』元発行人）

動物愛護協会で譲渡を待つ子ネコ

ポートランドにあるオレゴン動物愛護協会（ＯＨＳ）の施設のロビーは天井が高く、大きな窓からは夏の日差しが注いで心地良い空間だ。ロビーの正面近くには小さなガラス張りの子ネコの遊び部屋がある。七月のある日、灰色の子ネコが三毛の子と取っ組み合いに興じていて、それを首に白が混ざる黒い子ネコが、囲いの内側の窓台に乗って眺めている。もう一頭の白い子ネコは鳥の羽にじゃれている。窓の外には一歳半の女の子が腰を下ろし、時折窓ガラスを叩いて「やあ、子ネコちゃん！」と声をかけながら、ネコの動きをうっとりと見ている。楽しい子ネコたちの行動は、ＯＨＳの子ネコカメラを通してストリーミングされ、自宅のデスクトップコンピュータで誰でも見ることができる。子ネコたちは譲渡が可能で、訪問者からの注目を集め、何をせずとも可愛いので、貰い手が見つかる確率はかなり高いと

思われる。

ＯＨＳの中を四、五〇メートル入った奥では、八三頭のネコがステンレス製のケージの中で休んだり、手術台の上でさまざまな鎮静状態に置かれている。すべてが計画どおりに進んで、これらのネコすべてに繁殖能力を失わせる不妊去勢手術が施されれば、近い将来ポートランド一帯には子ネコが少なくなるだろう。

野鳥とネコのそれぞれの擁護者がネコの管理で同意する点は多くはないが、一つ共通して認識されているのは、とにかく野放しネコが多すぎることだ。アメリカ鳥類保護協会からアメリカ動物愛護協会に至るさまざまなグループは、ネコの生息数を抑制する最も効果的かつ人道的な方法は、可能な限り多くのネコを不妊化することにあるとの考えで一致している。医療技術の進歩につれて、手術時間が短く、費用も安くなるため、非営利の愛護団体から市や郡の動物保護施設（シェルター）や、個人の動物病院などに至るまで、さまざまな施設で容易に手術が受けられる。手術時間は雌ネコで四〜六分、雄ネコでは一分未満、費用はＯＨＳでは不妊化に四二・五ドル、去勢に三二・五ドルである。段階制の料金も設定されており、無料の場合もあるので、どんな社会経済的状況の人でもネコに手頃な価格で手術を受けられるようになっている。

ボランティアが支えるＴＮＲ活動

ネコの去勢と不妊化の重要性には誰も異論がない。ペットの不妊化率は非常に高く、アメリカ動物愛

図7-1　TNR支持者は、ネココロニー近くにワナを設置して野放しネコを捕獲する。不妊去勢後にネコは野外に戻されて、野生動物を食べ、病気を拡散し続ける（2013年7月2日付トレド・ブレイド紙。デイブ・ザポトスキー氏提供）

護協会の推定では九一パーセントの飼いネコに不妊化が施されている。野放しネコでは不妊化率ははっきりしないが、二パーセント程度にすぎないという推定値もある。

意見が分かれるのは、不妊化した飼い主のいない野放しネコをその後どうするかということだ。ほとんどの野外ネコの擁護派団体と、驚くほど多くの自治体や主要な動物福祉団体が、捕獲して不妊化して放す「ＴＮＲ」という方法を採用している。ＴＮＲのやり方はまさにその頭文字が示す〔訳注：Trap-Neuter-Return、捕獲・不妊去勢・再放逐〕。ＴＮＲのボランティアは一般に世話人が餌を与えている場所で野放しネコを捕まえる（図7-1）。それからネコを動物病院に運び、獣医師が卵巣または精巣を摘出してネコの繁殖能力を失わせる。意識が戻るとネコは捕獲された場所に戻されて、残りの生涯を送る。

六〇代のボランティア、サラ・スミス（仮名）は野外にいるネコを捕獲し、不妊化のために診療所に運び、そのネコを最初に見つけた農村地域や共同住宅などに連れ帰るために膨大な時間とお金を費やしている。彼女は一〇年以上にわたってTNRを行ってきた。最近では、助けた七頭のネコを連れて夫と東海岸から転入したオレゴン州ウィラメットバレーでTNRを再開した。彼女はオレゴン州ではもはや野放しネコに関わるつもりはなかったが、動物好きな彼女はここでもネコが苦しむ姿を見ていられなくなったのだった。

スミスにとってネコは馴染みのある生き物だった。彼女はアメリカ中西部で育ち、親戚は皆イヌを飼っていた。彼女が初めて東海岸に引っ越したとき、ルームメイトは二頭のネコを飼っていたが、彼女自身は世話をしなかった。やがて結婚し、夫と郊外に引っ越すと、二人はヨークシャーテリアの「ペティー」を飼った。家族にペティーがいたことが、スミスは「キャタルシス」（Cat-tharsis　ネコによって、以前の態度を変えるプロセスの意味）に入り、捕獲に傾注する一つのきっかけになった。

ある晩、激しい雷雨のなか、ペティーは玄関に向かおうとしてクンクン鳴き続けた。スミスが玄関に出ると、前の茂みからネコの鳴き声が聞こえた。彼女は手探りで、白と黒の毛色をした小さな子ネコを見つけ、つまみ上げた。隣人との会話やちょっとした調査から、近くの物置で野放しネコが子どもを産んでいたことがわかった。母ネコが別な場所に子ネコを移すとき、おそらくこの「ラッキー」はスミスの庭の茂みに取り残されてしまったのだろう。スミスは地元のネコ愛護団体に電話をかけ、母ネコを捕まえ不妊化するためのワナを借り受けた。

「最初のネコの捕獲では、私はラッキーではありませんでした」と、思い出しながら彼女は続ける。

「数ヶ月後に母ネコが歩道を走り下りるのを見かけました。隣人と私は後をつけ、小さな子ネコたちが近くのプールのポンプ小屋にいるのを見つけました。この雌ネコを捕まえるのはかなり難しいとわかったので、まず子ネコたちすべてを一つのネコ用キャリーに入れ、ポンプ小屋の外に箱ワナと並べることにしました。それからしばらくは人工栄養を子ネコへ与えながら捕獲の失敗を繰り返しました。四、五日後、ポンプ室の窓からワナの扉が閉まっているのが見えました。それは待ちかねた母ネコでした。私は母ネコを地元の動物病院に連れていき不妊化してもらい、子ネコたちと一緒にポンプ小屋に戻しました(1)」

TNRへの期待、それに続く失敗と限界

ネコの生息数の抑制に役立ちそうな方法として、TNRが最初に実施された正確な場所と時期は不明だが、一九七〇年代までにイギリスとデンマークでTNRが選択され実施された。アメリカでは一九八四年に、当時はTNRと呼ばれてはいなかったが、ネコの雑誌でこの手法の実践が議論されたことがある。アメリカでTNRが最初に正式に実施されたのは一九九〇年代初頭にさかのぼる。

TNRの提案者たちは、安楽死の手法(獣医師や愛護団体の従事者がネコに薬品ペントバルビタールナトリウム剤を注射し、六〜一二秒で呼吸が停止し死に至る)に比べて、TNRが〝自然〟に訪れる死の過程を経ながら徐々に野放しネコの生息数を減らす方法であると、猛烈に売り込んだ。TNR支持者たちは、不妊と去勢が交尾と妊娠という断続的なストレスを軽減することで、ネコの生活を改善し、ま

図 7-2 野放しネコたち。アメリカでは飼い主のいない野放しネコの推定生息数は6000万～1 億頭にもなる（Shutterstock）

た通常はワクチン接種（ジステンパー、ヘルペスウイルス、ネコカリシウイルス、狂犬病、もしくはネコ白血病予防）も行われるので、ネコの健康も改善されると信じている。またTNR提案者たちは、TNRを行えばネココロニーの近くにたまたま暮らす住民が、ネコがうろついたり、うるさく鳴いたり尿でマーキングしたり喧嘩するといったネコの繁殖行動で生じる迷惑な問題から、いくらか解放されると主張する。

TNRによって野放しネコの生活は多少とも改善されるが、野外環境がもたらすあらゆる困難にネコが立ち向かわなければならないことに変わりはない。しかし、不妊化されたネコをコロニーに戻すのは、これらのネコに殺される動物にとって、本能的行動を抑えられない捕食者が舞い戻ることを意味する。保全の観点から、これは容認できることではない。さらに、TNRされたネコはワクチンをいくつか接種されるかもしれないが、免疫性を高める追加免疫を受けることはほとんどない。追加免疫を受けないと、動物は病気にかかりやすくなり、他のネコ、野生動物、そして人間に感染させる可能性が出てくる。野生動物や公衆衛生の観点からもＴＮＲは容認できない。さらにＴＮＲが野放しネコの生息数を減少させない厄介な現実も、繰り返し示されている（図7-2）。

ＴＮＲとその「殺さない」信条は、一九六〇年代後半から一九七〇年代初期にパブやオックスフォード大学のハロウドホールで形作られ始めた動物解放運動にルーツがある。ピーター・シンガー、リチャード・ライダー、リチャード・ヘアのような有名な哲学者たちが、人間以外の動物も人間同様の権利を与えられるべきだと主張し始めた。それぞれの動物は人間と同様に苦痛を感じるのだから、人間以外のすべての動物も生き物として奪うことができない権利を有するというのがその理由だった。動物の権利を認めないことは、「種差別」もしくは動物差別の一形態になると主張した。突然に、毛皮を着ることが富の誇示ではなく、残忍な行為に変わり、カウボーイの競技・ロデオに出場したり、ステーキを食べたり、動物研究をしたり、ズボンに革ベルトを使うのも動物差別となった。

動物倫理から見たＴＮＲ

『Animals, Men and Moral（動物・人間と道徳）』や『Animal Liberation（動物の解放）』などの書籍の影響で、この運動はヨーロッパ、アメリカ、カナダで盛り上がった。この運動が残した最も目立つ表現は、一九八〇年に設立された「動物の倫理的扱いを求める人々の会（ＰＥＴＡ）」に見ることができる。この団体のウェブサイトの歴史欄には次のように書かれている。

PETAができる前は、あなたが動物を助けたい場合の有力な方法は、地元の動物シェルターでボランティアをするか、愛護団体へお金を寄付することの二つでした。こうした組織の多くはその有益な仕事を通じて、人間の使役動物に安らぎを提供しましたが、肉や皮のために動物を殺す理由、あるいは新製品の開発試験や娯楽に動物を使う理由について疑問を持つことはありませんでした。[2]

もちろん、PETAは動物の権利について広範囲なキャンペーンを行っている。例えば、製品検査での動物の使用をやめさせたり、屠殺され消費される家畜の生活状態を改善したり、ファッション製品での毛皮の使用の一時停止などを求めて闘っている（PETAの「毛皮を着るくらいなら裸になろう」という一連のキャンペーン広告と赤いペンキまみれのファッションショーがメディアの大騒ぎを巻き起こし、動物福祉にとってはむしろ障

図7-3 「動物の倫理的扱いを求める人々の会」の毛皮反対デモ。動物の権利団体が、ネコの譲渡や安楽死をより人道的な選択肢とみなして、TNRに反対する強い姿勢をとっていることは興味深い（S. Bukley/Shutterstock）

害となった。図7-3）。PETAは、やる価値がないとして、TNRは支持していない。

TNRを実践し、野生化ネコをコロニーで管理する私たちの経験が、皮肉にも、これらの方法が本当にネコの利益になる最良な策かどうかについて疑問を持たせました。私たちは、『管理』下のネコか否かにかかわらず、ネコが野外の生活で苦しんでひどい死に方をしたというたくさんの報告を受け取っています。野生化ネコに起こりうる惨状を直接に目の当たりにしたことで、あまりに多い生息数に対処する人道的な手段として、私たちは野生化ネコを捕まえて再び放すことは支持できません。

TNR支持者たちは、他のネコと同様に野生化ネコの苦しみを和らげ安全を保証してやるのが自分たちの責任だと主張します。この点には私たちは完全に同意します。私たちは飼いネコを野外に野放しにすることを誰にも勧めないのと同じ理由で、野生化ネコを野放しにすることも勧めません。野生化ネコを再び外に放す行為は、法律の観点からすると遺棄であり、実際、多くの場所で違法行為です。

野生化ネコに手術をすることで、次世代の苦しみを防ぐことはできますが、野外に放置されたネコの生活の質を向上させることはほとんどありません。野生化ネコに過酷な環境で生き残りの闘いを日々強いることは、人道的な選択とはいえません。[3]

PETAは、野放しネコをすべて安楽死させるべきとは提唱していないが、TNRが、再び野放しにする動物に惨めな生活を強いて、逃げ出すことが難しい過酷な状況を続けさせることを強調する。

不妊去勢手術

オレゴン動物愛護協会（ＯＨＳ）に話を戻そう。マーガレット・ウィクソンとウェンディ・リカーズの二人の獣医師は数人の動物看護師と約三七〇平方メートルのホルマン医療センター内のコイト手術室に向かっていた。全員が手術着である。センターでは毎年平均一万二〇〇〇回以上の手術が行われている。たとえほとんどの飼い主に手術費用を支払う余裕がなくても、治療が必要でシェルターに持ち込まれたペットの安楽死率は、ほぼゼロである。ＯＨＳがシェルターに収容するペットはすべて不妊去勢がされており、低所得者世帯のための不妊化・救済プログラムの一環として、他に数千頭のペットの不妊化を非常に安い価格もしくは無料で行っている。ホルマン医療センターは教育施設としてオレゴン州立大学獣医学部から獣医技術を学ぶ学生を一回三週間の実習研修生として、受け入れている。「ウィクソン獣医師は昨年ここで研修し、勤務することに決めました。彼女が私たちの一員になり幸せです」とシェルターの医療マネージャーのロン・オーチャードは説明した。[4]

手術室の様子は外の観察窓から見ることができた。不妊手術は雌が受ける妊娠できなくするための手術である。手術台では二頭のネコがあおむけに寝かされ、青い紐で足を台に固定されている（図7-4）。手術室への搬入前に、ネコはモルヒネ混合薬と精神安定剤を投与された後、プロポフォール薬を注射されて鎮静状態になっている。その後、手術台上で挿管され、麻酔ガスを少量含んだ酸素を吸入させて手

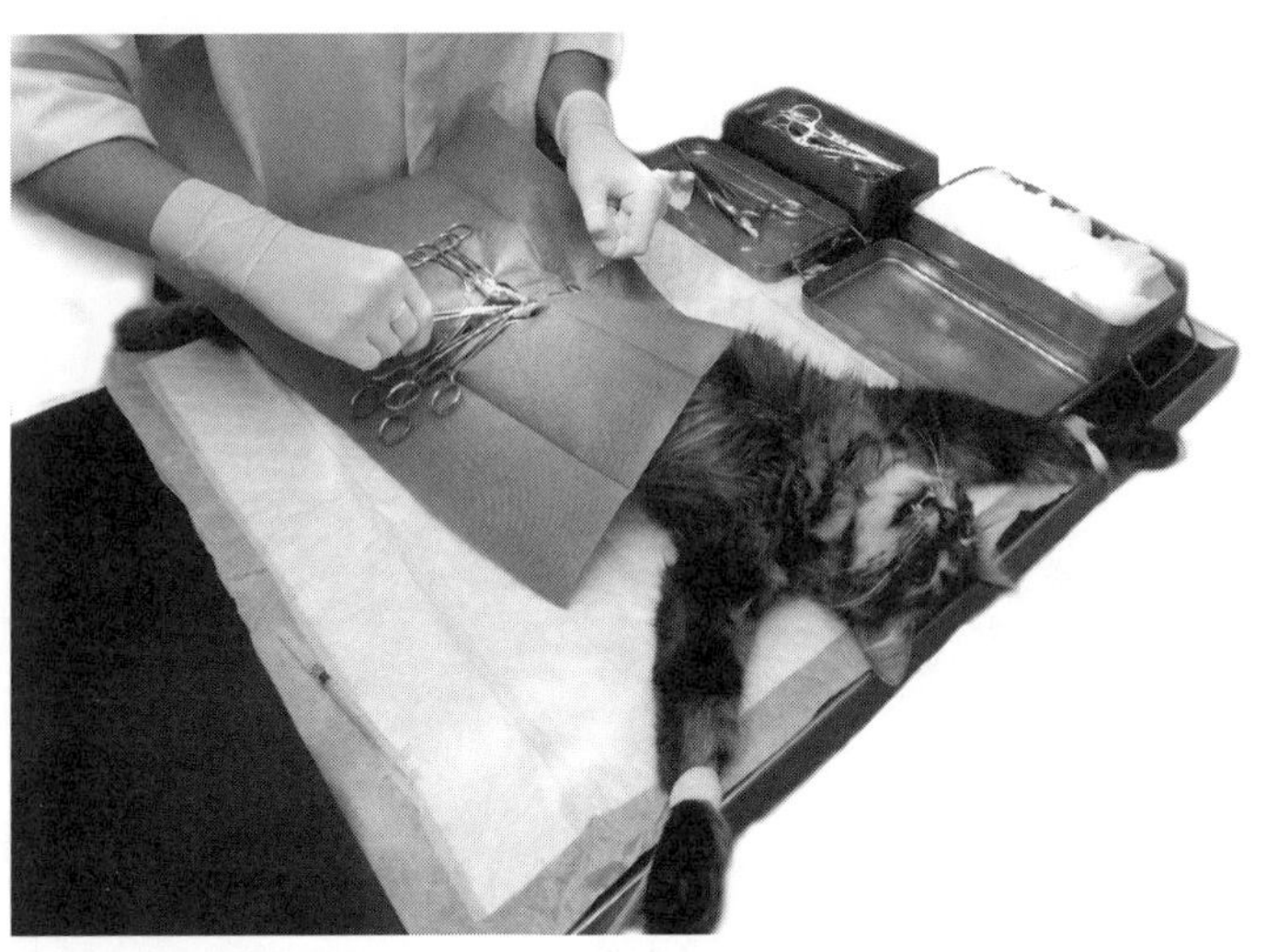

図 7-4　雌ネコの不妊化手術の光景。麻酔され 4〜6 分で手術は終わる。オレゴン動物愛護協会の手術費用は 42.5 ドルである（Shutterstock）

術中の睡眠が維持される。それぞれのネコの足には、心拍数と酸素飽和度を測定するモニターが取り付けられる。動かなくなったネコは、滅菌消毒として、アルコールとクロルヘキシジンによる各三回のふき取り洗浄がされ、安全を期してヨウ素を吹きかけて消毒される。この時点で、動物看護士の一人は、メスやその他の手術器具が入った無菌パックを開く。縫合パックを開いて手術台に置き、保温のためにネコの上半身にタオルを被せる。次に手術用の布であるドレープをネコの体の上に置き、滅菌領域を大きくする。ドレープの、腹部を覆う部分には小さな穴があいている。

ウィクソン獣医師は右側のテーブルに近づき医療メスをとった。彼女はドレープの穴から皮膚を鋭いメスの刃で数ミリほど短く切開した。それからネコの腹壁を切開し脂肪を少し除去した。そして、細長くて端が小さなフック状の子宮吊り出し鈎を腹部に入れ、弧を描くように動かしながら子宮角を探した。「これが最も難しい部分です。時には子宮角が見つかるまで時間がかかることがあります」とオーチャードは説明する。

ウィクソン獣医師は、Y字形をした薄いピンク色の組織である子宮角をすぐに見つけ出し、ゆっくりとドレープの上にY字の両方の部分を引き出した。ネコの卵巣は子宮角の端に付いている。彼女は出血を最小限に抑えるために子宮体の根元を結紮した。Y字の枝分かれ部分の下を切断して子宮と卵巣が取り除かれた。出血はなく、腹壁を閉じる縫い目の数はわずかだった。不妊化されたことを示す小さい入れ墨（小さな緑色の線）が施された。

皮膚を閉じるために少量の接着剤を塗布した後、動物看護士はまだ意識がないネコを手術室から医療センターのちり一つなく清潔なメインルームのテーブルに運び、保温用パッドの上に寝かせた。そこにはネコの意識が戻ったときに世話をする別の看護士がいた。ネコが少し動き出すと、呼吸チューブが外された。動物看護士は穏やかにネコを撫でて、意識を覚ますために優しく話しかけた。「意識が戻るときが最も危険かもしれません」と、子ネコがゆっくりと目を開け立ち上がろうとするのを見ながら、オーチャードは言った。子ネコはその後、白い識別カードのついたケージに戻された。白は養子縁組の準備が整ったことを示すカードだ。

雄ネコの不妊化である去勢手術に要する時間は侵襲性が低いために短い。雄ネコは麻酔をかけずに鎮静剤で眠らされ、その後、動物看護士が陰嚢の毛を剃り、手術箇所にアルコールとクロルヘキシジンをそれぞれ一回塗布して消毒する。それからネコは、明るいライトが上から照らす手術台に運ばれる。獣医師は、小指よりも小さな医療メスの刃で、陰嚢二ヶ所に小さな切れ込みを入れる。陰嚢からそれぞれの精巣を引っ張り出し、輸精管（と血管）を縛り精巣を切断する。管は中に戻され縫合される。一回の手術に三〇秒もかからない。

オレゴン動物愛護協会はＴＮＲのＲ（再放逐）を行わない。オーチャードは、「私たちは不妊化したネコを野外に戻しません。もちろん他の動物擁護団体の役割は尊重しています。ＴＮＲは野生化ネコ連合の活動領域ですから」と説明した（野生化ネコ連合は、ＴＮＲ実践者の訓練と野放しネコに不妊・去勢手術をする活動に焦点を絞っている）。オーチャードは遺棄や虐待される動物に医療サービスを提供する仕事の魅力について尋ねられると、「助けることができるのは最高の気分です。しかし、これらの動物すべてを助けられないのは残念です」と即答した。

地域ネコのＴＮＲ活動の現場

サラ・スミスは、彼女が捕まえたネコの生活を手助けして変えてやっていると実感している。普段スミスがネコを搬入するウィラメット動物愛護協会は、不妊去勢とワクチン接種サービスを金曜に提供するので、主に木曜をネコ捕獲に当てている。このサービスは、ペットショップチェーンの慈善団体であるペットスマートチャリティーズからかなりの助成金を得て、費用の大部分を引き受ける非営利のネコ愛護団体「セイラムのネコの友達」が提供する四三ドルの寄付で受けられる。この「ネコの友達」を介して、スミスはＴＮＲサービスが必要なネココロニーを知らされる。これは地域に住む個人が「ネコの友達」に助けを求めて連絡し、「ネコの友達」がスミスのようなボランティアに働きかけるという仕組みだ。

二〇一三年四月の木曜の午後、スミスはオレゴン州セイラムのレッドライオンホテルの裏にある、ハイウェイ五号線のすぐ横の低所得者層が入居する二階建てアパート群に到着した。その一棟に近づくと、スミスは建物に沿って置かれた数枚の皿を覗いて、キャットフードの食べ残しを見た。ため息をついて彼女は言った。「今夜は捕獲のチャンスはほとんどないでしょう[5]」

TNRの支援を求めて「ネコの友達」に電話した、アパートに暮らす女性が、スミスに近づいた。訪問介護士をする五〇代半ばのその女性は動揺していた。「今週は私が餌やりの担当で、月曜と火曜は定量を与え、昨日は量を減らしました。でも、誰かが今日、餌をやってしまった。餌入れを見て叫び出したくなりました」。しばらくして彼女は低い声で付け加えた。「ここには心の問題を抱えている人々がいるのです」

スミスはミニバンから生け捕りワナを五個運び出すと、別の古びた棟の裏に扇状に設置した。そこには這いつくばらないと出入りできないような狭い空間に通じる開き窓が数ヶ所あった。ワナはウィスコンシン州トマホークで設立されたトマホークライブトラップ社が製造したもので、長さ七六・二センチ、幅二五・四センチ、高さ三〇・五センチで、アメリカ製の太さ〇・六センチの金網で作られている。正面にネコが入るための開口部があり、背面には使用者が餌を入れるためのスライド式ドアがある。ワナの約三分の二入った位置に踏み板があり、ネコが踏むと入口が閉まる。トマホーク社はまた、アルマジロ、アナグマ、コウモリ、ビーバー、野鳥、ボブキャット、ニワトリ、シマリス、コヨーテ、ザリガニ、イヌ、キツネ、ホリネズミ、マーモット、ジリス、野ウサギ、マウス、モグラ、マスクラット、オポッサム、ハト、プレーリードッグ、アナウサギ、アライグマ、ラット、爬虫類、雄鶏、トガリネズミ、スカンク、ヘビ、リス、カメ、ハタネズミ、そしてマーモット類の一種ウッドチャック用のワナも作っている。スミスはワナの底に新聞紙を敷き、それからキャットフード缶を二、三個開け、スプーンでプラスチック皿に移し入れてワナの中に置いた。

「食べ物を与えて子ネコが繁殖するのを放っておくのは間違っているとその人たちに伝えるべきね。今度来るとき、私は銃を持ってくるかもしれないわ。その次に来るのは動物管理局でしょう。アパートの管理会社はこのネコたちを殺すのに駆除業者を雇うかもしれない。臭いに対する苦情を言う人も出てくるでしょう。またネコが繁殖したら事態はもっと悪くなるでしょう」とスミスはその女性に言う。「このネコたちは繁殖しようとはしません」と言う女性に対し、「ネコはみな繁殖します」とスミスはぶっきらぼうに告げた。

この現場はセイラム地域で野生化ネコが集まりやすい特殊な場所では決してない。スミスは自身が協力するネココロニーと世話人に対してある条件を求める。それは、ネコが不妊化されて戻った後も世話人が餌をやり続けること、そしてネコをその場所から連れ去ってほしいだけの人に対しては、彼女は協力しないことだった。スミスが協力する人の多くは、自由に使える収入が少なく、近隣のネコに餌をやるために外食などの自分自身へのちょっとした贅沢も諦めている人々である。TNRに関わる何人かの動機を調べた研究によると、「ネコが好きなこと」「ネコを育てる機会が得られること」、そして「自尊心が高まること」が最上位を占めた[6]。スミスは、ネココロニーを積極的に支援する人のなかで裕福な人に出会ったことはほとんどなく、財力がある人は代わりに小切手を書く傾向があることに気づいた。

ワナを設置した後、最も近いワナから約六メートル離れて停めた車に戻ると、スミスは窓を閉め地元のジャズラジオ局の番組を低音量で聞きながら待った。ネコの捕獲は、釣りや狩猟と似ている。長時間の準備と待機の後に、時折、捕獲という報酬が得られる。ネコの野生動物を狩る習性について尋ねると、彼女は一瞬沈黙し、話をそらすように答えた。「私たちが抱えているもっと大きな問題に目を向けるよりも、ネコを悪者にするほうが簡単です。私たちは森を破壊し水を汚染しています。もし野鳥にとっての唯一の問題がネコなら、なぜチョウやコウモリが死ぬのでしょう？　誰も大きな問題に立ち向かいたいとは思いません。ネコの背後には化学工業もありません。心配しなければならない大きな問題が他にあるのではないでしょうか？」

一〇分後、黒白のネコが建物の開き窓の一つから頭を出した。そのネコはワナの周りを歩くと、座ってあくびをした。立ち上がると、ゆっくりと別のワナを覗き、頭を突っ込むと別のワナを調べ、横から臭いを嗅いだ。「中に食べ物があるので、私がネコでもそれを嗅ぎます。そっちのワナにも食べ物があるので、それも嗅ぐでしょう」とスミスはネコの思考回路に合わせて言った。「私はネコがイヌのように臭いを嗅ぐとは知りませんでした。彼らは本当に空腹でなければワナに入ることはありません」。ネコはしばらくすると開き窓に戻っていき、再度開き窓から出てきた。車の窓を閉めていたにもかかわらず、そのネコはまるで音楽を聴いているかのように耳を立て、緑色の目でバンを見つめているようだった。

スミスは捕まえたネコや不妊化したネコの詳細な記録を保管している。二〇一二年に彼女は二四〇頭のネコを捕まえた。一晩の最多記録は一四頭だった。平均では四〜五頭だ。スミスは、セイラム周辺で

ＴＮＲを行っているのは彼女のほかに一〇人ほどだと推定している。オレゴン州またはウィラメットバレー地区においてでさえ管理されているネココロニーがいくつあるのかはっきりしていない。

殺処分からＴＮＲへ――地域ネコ管理の転換

ＴＮＲが始められた当初、活動は「路地ネコ同盟」や「野生化ネコ連合」（ともにアメリカのネコ保護団体）のようなボランティア主導の野外ネコ支援組織に受け入れられ支持されていた。しかし現在、サラ・スミスや同様な考えを持つ世話人による活動が、アメリカ動物愛護協会やアメリカ動物虐待防止協会（ＡＳＰＣＡ）などの動物福祉団体から熱心な支持を受けて主流になっている。多くの行政機関がＴＮＲゲームに足を踏み入れ、ＴＮＲ実施プログラムを支援し、場合によっては業務として引き受けてさえいる。ヒューストン市を例にとると、そのウェブサイトにＴＮＲの項目がある。

「地域ネコのコロニーの管理には、長い間、『捕獲して殺処分』の方法が広く受け入れられてきました。安楽殺するためにネコを捕獲しコロニーから取り除いてきました。この方法はコロニー全体の生息数を即座に減らしますが、時間とともに効果がなくなります。『捕獲して殺処分』の対象となるコロニーは、バキューム（真空）効果〔訳注：二〇三頁で解説〕によって、結局はもとのサイズに戻ってしまいます」

「一つのコロニーの地域ネコが不妊化されると、生息数が徐々に減少するだけでなく、ネコの健康状態が改善され、一つの地域でネコ同士の争いごとが減り、共存が進みます。雌ネコはこれ以上、子を持たないため、さらに健康になり、雄ネコは、徘徊し闘う本能を徐々に失って怪我が少なくなります。発情期の鳴き声や縄張りへの尿マーキングなど、不妊去勢をしていないネコがとる行動はしなくなるでしょう[7]」

野鳥観察や生態学にかかわる団体の人々からの異議を予測して、市は次の想定問答を掲載している。

Q．地域ネコを戻すことは、鳥や野生動物が傷つく危険性を増やしているのではないか？
A．野生動物と住民の健康を守るために、地域社会からネコを集めてシェルターに閉じ込め安楽殺すべきと議論されています。しかし、一つのエリアからすべての地域ネコを安楽殺もしくは排除すると、より有害な影響さえある他の非在来種の生息数が増加する可能性が出てきます。現時点で地域には、BARC（ヒューストン市にあるネコの譲渡先を探す動物シェルター）が短期に収容できる頭数よりも多いネコが生息しています。このTNRプログラムは、野鳥や（他の）野生動物に危害を及ぼしうるネコを時間をかけて減らします[8]。

サンフランシスコ市もTNRを推進し、地元で先頭に立つサンフランシスコ動物虐待防止協会（SPCA）を関与団体に挙げている。SPCAは地域ケア法のもとでTNRプログラムの推進にかなりの資財を投じてきた。二〇〇九年から二〇一四年にかけてこのプログラムを担当したローラ・グレッチは、快活で体のあちこちに入れ墨を入れた四〇代の女性だ。「私たちは、通りにいるネコの数が少ないほど野鳥や他の動物への影響は小さいだろうと考えて始めました。人々がTNRを解決策として認めるか否かにかかわらず、TNRが通りにいるネコの数を減らさないと言い切ることはできません」とポトレロヒルの閑静な地区にあるオフィスで彼女は言った（実際にはTNRはネコの数を減らさないと断言できる。そのことは後で述べる）。グレッチは、野生化ネコの生息数を突き止めるのは困難なことを早々に認めた。

「ある場所に座って数えようとすると、どうしても同じネコを二度数えたりしてしまいます。しかし、私たちが不妊化したネコの数はわかります。そのネコはもはや繁殖しません。地域ネコの世話人から給餌するネコは七頭と説明を受け、捕獲、不妊化、もとの場所でのリリースがされました。五年後に数えると、ネコは三頭だけになっていました。調べあげるのは大変ですが、この一例はプログラムが機能していることを示唆しています[9]」

グレッチによる指導の下、サンフランシスコSPCAは街頭でTNRキャンペーンを行った。「私は不妊化プログラムを積極的に呼びかけたいのです。何頭のネコを不妊化できるかはっきりさせたいのです」と彼女は語った。グレッチと彼女のチームは、説教くさい話は避けたいと考えていた。「動物福祉団体には教条主義的なものが多くあり、そのために地域ネコに無関心だったり、何も知らない普通の人々は無視するか、しらけてしまいます」。地域住民に、これらのネコについて何を考え、感じるべきか、あるいは何かを考えなければならないと伝える代わりに、SPCAは「ネコを見ましたか？」というキャッチーなキャンペーンに行き着いた。その狙いは、会話のきっかけをつかみ、とまどわせずに簡単な方法で一般人から力を貸りることだった。

メッセージは共感を呼んだ様子だった。「ネコの好き嫌いにかかわらず、ネコを見たことは電話してもらえるでしょう。サンフランシスコのように多くの人が関わりを持ちたがる都市ではうまくいくと思っていました。人々がネコを見た場所を私たちに教えてくれて、私たちがそこでネコを捕まえるのです」とグレッチは説明する。このキャンペーンでは、英語だけでなく中国語とスペイン語でバスの車両や待合所に広告を貼り、ダイレクトメールを発送した。キャンペーンのスローガンの下に、SPCAが無料でネコを不妊化していることと電話番号を載せた。

「私たちが不妊化したネコはこれまでは年間一〇〇〇頭弱でしたが、キャンペーン中は二〇〇〇頭強と、なんと二倍になりました」とグレッチは言う。彼女はTNRを広めることに心底のめり込み、ここ数年間は、体にTNRのメッセージを入れ墨することをオークションにかける活動まで行った。落札者は入れ墨の多いグレッチの身体に、さらに一つ入れ墨を選んで加えるのだ。

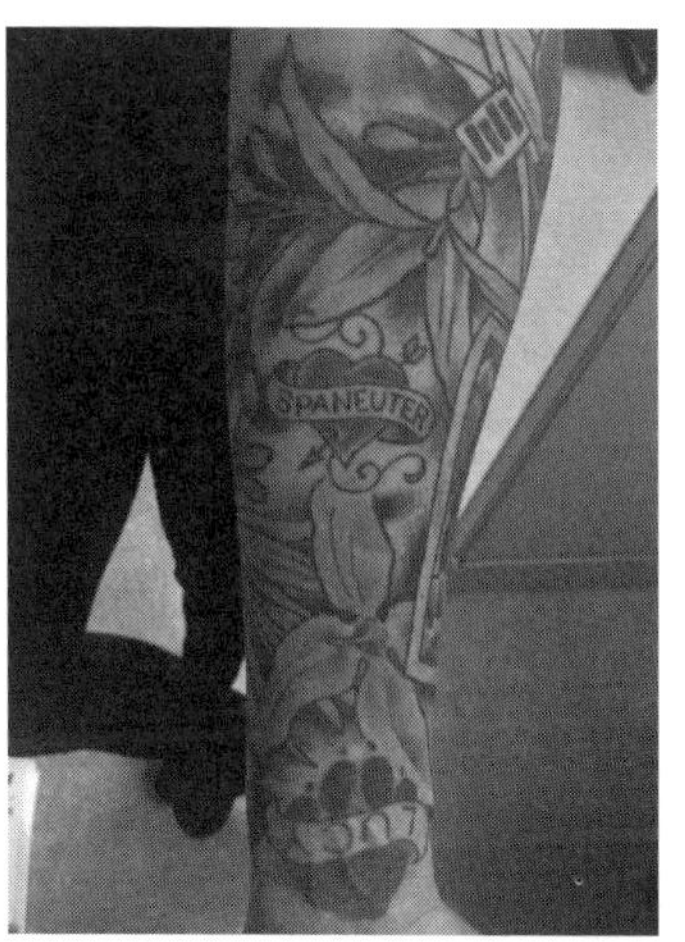

図7-5　サンフランシスコSPCAで働いているとき、ローラ・グレッチは自分の肌にネコの数を減らすメッセージの入れ墨を彫るオークションを行った。写真は①2012年のオークションの入れ墨「Spaneuter（Spay不妊とNeuter去勢の合成語）」。オークション収入はサンフランシスコSPCAに贈られた（ローラ・グレッチ氏提供）

二〇一二年のオークションでは「Spaneuter（Spay不妊とNeuter去勢の合成語）」の文字が彫られた（図7-5）。

TNRを支える迷信

サンフランシスコSPCAの暫定データと、アメリカ全土の何千もの地方自治体、動物愛護団体、SPCA支部、ネコ擁護団体が引用する〝統計〟は、TNRが野放しネコの生息数を減らし、それによって野生動物への影響も減っていると誤った主張をする。本当のところはTNRが、ネコでも野生動物でもなく、人間の気持ちを楽にしていることにある。それは個人や政府機関に、行動しているという肯定的な感覚を与え、同時に、理性的な行動をするという難しい決断に向かうのを回避させる。TNRがネコの生息数を減らす効果があるとする主張を裏付けるまっとうな科学的分析は欠如している。一方TNRがネコの数を減らしてはいないことを示すかなりの証拠がある。

TNRがネコのコロニーを小さくするのに有効だとするプロパガンダで頻繁に担ぎ出されるのが、オーランドにあるセントラルフロリダ大学（UCF）キャンパスでのジュリー・レヴィらによる一〇年間（一九九一〜二〇〇二）の研究である。この研究はTNRとTNA（捕獲・不妊去勢・譲渡）の二つの方法が組み合わされているため、研究者の能力を持ってしてもTNRだけの有効性を評価することが難しい。UCFには広い森があり、大学キャンパス、軍事基地、フィールドステーションがあって通行する人々も多いため、人の出入りに伴うネコの放置がよく起きる。

研究が始まる前、大学は増え続ける飼い主のいないネコ問題の解決に取り組んでいた。一九九一年、ボランティアが「キャンパスネコの友」というグループと一緒に、ネコの数を減らすためにTNRプログラムを開始した。ネコを誘引するためにキャンパス周辺一一ヶ所にそれぞれ離れた餌場が作られた。

これによって一一個のコロニーが生まれた。それからネコは捕獲され、獣医師のところに搬送されて、不妊化されワクチンが接種された。ネコ白血病ウイルスまたはネコ免疫不全ウイルスに対して陽性だったネコはすべて安楽殺された。簡単に識別できるように、野外に戻されたネコの耳の端はカットされた。レヴィらの報告は一九九六年に行ったコロニーの生息数調査について簡単に触れているだけで、肝心なネコをどのように数えたかの詳細は述べていない。野放しネコの個体数カウントは、周知の通り極めて難しい。野外ネコの生息数にTNRが及ぼす影響を調べることが目的の調査において、肝心な調査方法の詳細が欠落していることが、まず最初の大きな欠陥である。

レヴィらは、調査開始当初の生息頭数が全調査期間を通じて一五五頭から大幅に減少し、この減少がTNRと譲渡プログラムに起因すると報告したが、論文を整理するとこのネコ集団で起きたのは次のことである。

まず一五五頭中七三頭（四七パーセント）のネコが譲渡された。これは素晴らしい結果であるが、TNRのテストにはならない。ともあれ、これによってTNR研究の対象となるネコの生息数は八二頭になる。これらのネコのうち一七頭はさまざまな理由で、多くは初期段階において、そして二、三頭は研究の過程で安楽殺された。その結果、六五頭の飼い主のいない野外に生息するネコが残った。これらのうち一〇頭は死んで見つかった（六頭は車にひかれ、四頭は死因不明）。どういう意味を持つか不明だが、どうやら九頭はキャンパスを去って森に入ったことがわかった。二三頭のネコ（四二パーセント）は「行方不明」になったため、彼らの運命も不明であった（彼らは森に散らばったのかもしれないし、死んだのかもしれない。そして彼らの死体はまったく見つからなかった。疑わしいが、あるいは貰われていったのかもしれない）。これで最終的な生息数は二三頭となった。

しかし、再度言うが、レヴィらはどのような方法で、いつネコを数えたか説明していないため、これらの数字が実際にどれくらい信頼できるかわからない。レヴィの研究が示していることは、もし六〇パーセントのネコが譲渡もしくは安楽殺され、二一パーセントがコロニーから移出した場合に、ネコのコロニーの生息数は少なくなるということである。つまりこの研究はＴＮＲの有効性について何も示していない。

ＴＮＲが個体数減少に成功するための条件――高い不妊化率と移入ゼロ

もっと丁寧なＴＮＲの研究が、州都ローリーにあるノースカロライナ州立大学における二〇〇六年の学位論文から出てきた。タンザニアのゴンベ国立公園でヒヒとチンパンジーを研究し、獣医師免許も持つフェリシア・ナタ一は、一九九八年にノースカロライナ州ランドルフ郡で野外にいて飼い主のいないネコの生存率についての研究を開始した。彼女の研究デザインには、ネコを無作為に三つの処置グループに分けることが入っていた。すなわち、①未処置、②去勢（精巣は除去され、その結果として性ホルモンの生成が失われる）、③精管切除（精管の切除および結紮により、テストステロンなどのホルモンの生成は保持される）であった。ナターの学位論文となった研究はユニークで、多くのＴＮＲコロニーにおける研究とは異なり、彼女は研究コロニー内の九八パーセントのネコを捕獲した（この割合を達成するのは非常にまれである。これは彼女の論文の重要なポイントであり、多くの時間を費やして初めて可能となったのだろう)。

また彼女は雄ネコの不妊化を異なる二種類の方法で行うという興味深い仕掛けを加えた。彼女が四〜七年後に発見したのは、未処置のコロニーの多くで生息数が増加したのに対し、両タイプの不妊化処置をしたコロニーは、新しいメンバーの移入率が低くコロニー内の生息数が大幅に減少したことだった。彼女が予測したように、精管切除された雄がいるコロニーの生息数は、去勢された雄がいるコロニーの生息数よりも急速に少なくなった。まだ生殖ホルモンを生成することができるネコは喧嘩をしやすいのかもしれない。

この二つの不妊化グループでネコの数が減った原因は何だろうか? ナターは、単純に消えるか(移出と区別しにくい)、あるいは、もっと一般的な外傷(車にひかれたりイヌに襲われたりして)で死ぬかのどちらの場合も〝死亡〟と認定した。このような結末は、TNRが動物福祉の観点から有益であるとする示唆と相反することである。ナターの研究から、ほぼ一〇〇パーセントの不妊化が達成され、コロニーへの移入がほとんど、あるいはまったくない場合に限り、TNRがコロニー内の生息数を減らすのに効果があると結論づけることができる。

長期にわたる量的な観点から、また生息数モデルを用いて、野放しネコの生息数減少に及ぼすTNRの影響を真に厳格に分析した研究は一例しかない。この取り組みは、サクラメントのカリフォルニア州立大学生物学部の理論生物学者パトリック・フォーリーを筆頭に行われた。この研究の目的は、二つの大規模で長期的なTNRプログラムのデータを使用し、TNRが成功したかどうかを数学的に評価し、コロニーの縮小を引き起こすのに必要な不妊化率を決定することだった。一つ目のプログラムでは、カリフォルニア州サンディエゴ郡で「野生化ネコ連合」によって一九九二年から二〇〇三年にかけてTNRデータが収集された。二つ目のプログラムは、フロリダ州アラチュア郡で一九九八年から二〇〇四年にかけて「オペレーション・キャャットニップ社」という団体が実施したものである。サンディエゴでの研究においては、合計一万四四五二頭のコロニーに属する飼い主のいないネコがTNRプログラムの支援のもと、不妊化のために動物病院へ移送されたが、すでに不妊化されていたのは約五パーセントにすぎなかった。アラチュア郡では、TNRプログラムの一環として、合計一万一八二二頭の飼い主のいないネコが不妊手術のために捕獲されたが、同様に不妊化済みのネコはわずか二パーセントであった。

カリフォルニア州でもフロリダ州でも、TNRの取り組みはコロニー縮小の目的を達していなかった。両方のコロニーでは、増加が進行しており、減少を達成するのに必要な高い割合の不妊化率が得られることはなかった。フォーリーらは、生息数の減少に必要とする不妊化率を、カリフォルニアで七一パーセント、フロリダで九四パーセントと推定した。そして、このようなレベルの不妊化率を実現するのは現実的ではないと結論づけている。それゆえTNRによってコロニーが消滅することはありえない。この研究は、これまでの他の研究とは異なり、長期にわたり、十分な標本サイズを有し、単一の地域ではなく広域をカバーしており、これらすべての要因が結果の信頼性に寄与している。

TNR失敗要因とバキューム効果の有無

TNR活動が野放しネコの生息数を減少させるのに失敗をする典型的な理由は主に二つある。一つ目は、世話人が十分な数のネコを捕獲して不妊化することができないことである。フォーリーの数理モデルは七一～九四パーセントを不妊化しなければ生息数を減少させられないことを示した。これは新たなネコがコロニーに参入しないと仮定した場合である。このような高レベルの不妊化が連続して記録されたことはなく、現場での達成は極めて困難である。先のナターの研究事例はまれな例外といえる。二つ目の理由は、ほとんどのコロニーには常に新しいネコが入ってくることである。多くのネコの擁護団体は、コロニーの生息数は安定しており、周辺地域からの移入にコロニーのネコは抵抗すると主張するが、科学文献やコロニーの世話人による事例報告でさえもこの主張を反証する。ネコは確立されたコロニー間を定期的に移動することが調査で示されており、食物がいつものように得られる限り、侵入者から縄張りを守ろうとはしない。

捕獲して安楽殺するプログラムに反対する人々は、コロニーからネコを捕獲排除すると新たなネコがこのコロニーに入り込むという〝バキューム（または真空）効果〟があることから、捕獲排除プログラムではコロニーサイズを縮小する効果は得られないと主張する。ネコに特有なものではないが、バキューム効果とは、質のよい場所（すなわち食物や避難場などの資源がある）に生息する縄張り性の動物が、より弱いか下位の個体をその地域から締め出すという考え方に基づく。ここでは〝勝者と敗者〟がある動物が放浪するか、十分な資源がない近隣の縄張りに移らされるという状況が設定される。ＴＮＲの擁護者たちは、バキューム効果のおかげで、住みやすい地域ではネコが排除されても代わりのネコが絶えず供給されると主張する。この仮定を前提として、もしコロニーの全個体数を減らすのが目的であれば、ネコを取り除くのは無意味なやり方だと言うのである。

この理屈にはいくつかの問題がある。第一に、イエネコは一般的に縄張り行動を示さない。第二に、ネコ（または他の動物であっても）の無限な供給などというものは存在しない。もしネコが現れ続けるのであれば、それは餌場の存在が原因だろう。それこそが、当然ながら、予想以上に多いネコの生息数を引き起こす。第三に、おそらく最も重要なことだが、自然死によってコロニーが縮小するというTNRの中核にある考えだ。TNRコロニーのネコが死亡したときにも、（意図的に）捕獲・排除されたときと同様に、新しいネコをコロニーに引きつけるバキューム効果が働くのではないだろうか？

ネコ・コロニーの生息数の変動に関して近年イスラエルで行われたフィールド調査が、TNRの擁護者が好んで考えるやり方ではないが、バキューム効果が実際に存在する可能性があることを示唆している。二〇一一年、イディット・グンターらは、TNRされた二グループと、未処置で放置された二グループの四つの給餌グループを対象に調査を行った。彼女らは一年を通して週一回の頻度で、不妊化されたグループと未処置グループ間で、移出入率と子ネコの生存率を比較した。その結果、未処置の二グループでは生息数が減少したのに対して、不妊化した二グループでは移入率が高く移出率が低かったために成獣ネコが大きく数を増やした。このケースでは、バキューム効果でTNRコロニーのネコの生息数が増加したのである。

もちろん、常にこのような結果になるというわけではないだろう。この研究とバキューム効果に関する他の研究から論を進めると、ネコが排除されると、後に代わりの新たな個体が現れることもあれば、現れないこともあるということである。結果には、周辺エリアにいるネコの数、それらの繁殖頻度、優占的な行動をとるネコの数、捨てられるネコの数が影響すると考えられる。

TNRのさらなる問題点――軽視される生態系

獣医学の専門家もTNRが引き起こす難題に取り組んでいる。カリフォルニア大学デービス校獣医学部OB功労賞を受賞したデビッド・ジェサップは、アメリカ獣医学会がすべての生物の健康と福利によい影響を与えることを目標にするならば、学会はTNRを決して容認できないだろうと主張した。TNRは結局のところ、ネコ一種にのみかろうじて利益があり、数十、いや数百という他の種には明らかに不利益であるからだ。ジェサップは、TNRを支持する獣医師が、動物虐待の違法行為である遺棄に相当するものに加担することを、一体どのように正当化しているのか疑問に思っている。彼はまた、TNR支持者が野鳥や在来種や生態系を慈しみ回復しようとする何百万人もの自然保護主義者や獣医師に送るTNR賛成のメッセージについても心配する。

もう一人の獣医師、アメリカ軍獣医部隊の司令官を引退したポール・バローズは、野放しネコに対する最も責任あるとるべき行動として、戻すのではなく除去することを支持し、次のように述べる。「無責任なネコの所有とTNRプログラムの推進から引き起こされる生物学的な遺棄は、政治的に間違っており、社会的に受け入れられないようにしなければならない[10]」

『Conservation Biology（保全生物学）』誌で発表されたトラヴィス・ロングコア、キャサリン・リッチ、ローレン・サリヴァンの論文は、入手可能な自然科学（と自然科学以外の）文献を慎重に分析することで、TNRが野放しネコの生息数を減らすのに効果がないことを直接示す記録を作ろうとした。彼らが到達した重要な結論の一つは、TNRは通常、環境問題としてではなく動物福祉問題として骨組みが作られていることである。動物福祉が前提では「成功したプログラム」とは、周囲から野放しネコを取り除くのではなく、ネコの福祉によって定義される（福祉とは暗に生きながらえることを言う）。著者らは、コロニーのサイズが四〇頭から三六頭に減少したにすぎないのに「プログラムの有効性は、三年間にわたるコロニーでの低い移出入および健康状態の改善によって実証された」と結論づけている一つの研究を引用している。また、フロリダ州のある郡が「安楽死させる健康なネコの数と郡の費用負担と苦情を減らす行政目的」でＴＮＲを実施していることを明らかにした[11]。

このような状況では、ＴＮＲが話題にのぼったときに、科学者や自然保護主義者の意見が通常、議論のテーブルに載ることとすらなく、野放しネコ擁護者による主張は疑問も持たれず受け入れられ、徐々に真実の風格をまとっていくと言わざるをえない。

科学者集団はみな、野放しネコを擁護する団体が何年もかけてＴＮＲの欠陥を粉飾するのに成功したことに心を痛めている。ますます多くの行政組織がＴＮＲ推進の立場を当然と考え、ネコが野生動物や公衆衛生に及ぼす影響についての一般市民の理解が欠如する状況では、運営組織がＴＮＲを一層促進しようとすればするほど、ネコ擁護者が世論という法廷で間違いなく勝利する。保全生物学と生態学の専門家がＴＮＲの欠陥に気づいていないわけでもなく、ＴＮＲの実施に反対の姿勢をとっていないわけでもない。アメリカ野生動物獣医学会、アメリカ鳥学会、アメリカ哺乳類学会、全米野生生物連盟、アメリカ鳥類保護協会（ＡＢＣ）といった多くの影響力のある団体は、野放しネコのコロニーやＴＮＲへの反対を表明している。しかし、多大な資金を投じたネコの室内飼育のキャンペーン（Cats Indoors Campaign）を通じて一般の人々を啓発しているのはＡＢＣだけである（ただしＡＢＣが行う支援努力はAlley Cat Allies, Best Friends, PetSmart Charitiesなどのネコ擁護団体の前ではほとんど色あせて見えるほどわずかであることは指摘しておくべきだろう)。

前記のリストから全米オーデュボン協会が抜け落ちていることは興味深い。この団体は〝人類と地球の生物多様性のために、野鳥と他の野生生物と彼らの生息地に重点を置いて、自然生態系を保全し回復させる〟と公に表明している。にもかかわらず、全米オーデュボン協会はTNRに対して毅然たる態度をとってきておらず、一九九七年に承認された役員会の決議以上のものは出していない。ネコに関係するその決議の一部は以下のようなものである。

全米オーデュボン協会は、野生化ネコと野放しネコの影響に関して、科学に基づいた結論を支部に伝える。すなわち支部は、地方および州の野生生物機関、公衆衛生機関、立法機関が野生化ネコと野放しネコの世話と移動を制限し管理し、ネコのワクチン接種と不妊・去勢のプログラムを支援することの推奨を、もし支部が望むなら、そうできる立場にある(12)。

イギリス王立鳥類保護協会に至っては、TNRに対するいかなる立場もとらないだけでなく、ネコの鳥類への影響は大きな見当違いとして退け、ネコの室内飼育についての支持を拒否している。

全米オーデュボン協会、イギリス王立鳥類保護協会、その他の支持者の多い保護団体は、会員の一部が離れることを恐れてこの問題を避けたと推測できる。オーデュボン誌に長年にわたり貢献し、総監修者だったテッド・ウィリアムズが、オーランドセンティネル紙の論説でTNRへの反対を唱えた後に停職させられたことが、この推測を裏付けている。ウィリアムズは、この論説で「TNRに代わる二つの人道的な選択肢がある。一つはタイレノール（人用の鎮痛薬）――十分に精選された野生化ネコ用の毒薬である。しかし、TNRのロビー活動家は、この薬品の使用登録を阻止してきている。もう一つは捕獲と安楽殺（trap and euthanize, TE）である。このTEは州および連邦の野生生物管理官が実施しているが、もともとそこに棲んでいる野生生物の絶滅が大幅に減速されるならば、地方自治体でもTEを実施することが必要になるだろう」[13]ときっぱりと表明した。全米オーデュボン協会は、自然保護団体の仲間内から強い反発を多く受けて、その後、ウィリアムズを復職させたが、わずかな職務に限っている。

オレゴン州の捕獲ワナ――その後

オレゴン州ウィラメットバレーのアパート群に話を戻そう。サラ・スミスが車に戻ってから一時間が過ぎようとしていたが、ネコはまだ捕まらない。スミスがアパートに着いたときにたまたま出会った住人の何人かが車に近づいて進捗を尋ね、他の何人かは近くに立っていた。すぐ近くを通る州間ハイウェイ五号線から低い騒音が聞こえてくる。訪問介護士は初めの会話に戻った。「私はみんなにネコに餌やりをしないように言って回り、みんな餌はあげないと言っていたのに。そういえば娘さんと一緒に住んでいる女性がいるわ。彼女はネコが空腹だと考えるとついつらくなって、娘さんに餌を与えるように説き伏せたのではないかと思う」

二時間近くが経過したがまだ捕獲できず、スミスはこの後の選択肢を思案した。手ぶらで帰るのは口惜しいがワナを回収して引きあげるか、もう一つは実行が難しいが、一晩中ワナを置いておくかだった。「ここはワナを残しておける場所ではありません」と彼女は言った。「ネコを傷つけようとしていると考える、正気ではない人たちが、ワナを壊す危険があります。別のアパートでは一〇代の女の子二人がワナの上でジャンプして壊したことがあります。一個五五ドルのワナを買い換えるなんてことはしたくありません。今のところ、私は誰も信じていません」

表情豊かな緑色の目をした小さな三毛ネコが半地下の部屋から頭を出した。そのネコはワナの周りを歩き座り込んだ。「おいで、子ネコちゃん」とスミスは呼びかけた。「妊娠しないようにワナに入りなさい。雌は生まれて四ヶ月で妊娠できます。人が一〇代で妊娠するのと同じで、子どもが子どもを産むようなものです」

茶色の縞のトラネコが、アパートの後ろの芝生を横切ってワナに向かっていった。そのネコはワナからワナへと移動し、餌の臭いを嗅いで、ワナの上部を爪でひっかいたり、下を掘ったりした。トラネコは一つのワナの途中まで入り、それから後ずさりした。頭を別のワナに突っ込むと、少し止まってから中に入った。ワナの入口が閉まって、三毛ネコを驚かせた。捕まったネコはワナの中で二回転した。スミスは急いで車を降りるとワナにタオルを被せ車に運び入れた。ネコは一度鳴いて、少しバタバタしていたが静かになり、ほとんど騒がなくなった。「こうしたネコはとてもおとなしく、これは彼らの生存本能の一つで、だからこそネコを全部積み込んで静かな状態で運搬できるのです」とスミスは言った（彼女はかつて一度に二八頭のネコをポートランドの動物病院に運んだことがある）。

日暮れが近づき、アパート群の陰でネコたちはさらに活発になった。三毛ネコに四、五頭の黒ネコが加わった。それぞれのワナに尿でマーキングをし始めた大きなオレンジ色をしたトラネコも加わった。どのネコもワナにはあまり興味がないようだった。「落下式ワナは簡単です。ロープがついた支え棒で檻を持ち上げておき、ネコが檻の下に来たときにワナを仕掛けた人がロープを引いて捕まえます。ネコは頭上のワナには警戒しない傾向があります」とスミスは静かに話した。かすかに風が吹いているが、それは何の役にも立たない。風で新聞がガサガサ音を立てるが、ネコたちがその音を気にする様子はない。五頭のネコを捕まえようとして、スミスは悲しげに見えた。

「残念です。この可愛いネコたちを見てください。彼らは建物の地下ではなく、誰かの家に住むべきなのです。私は普段これほど長い間待機しません。このネコたちが興味を示していなければ、帰っていたでしょう。これらのネコを殺すのは違法のはずですが、法律のことを強く主張する人はいません。もし人々がネコを殺すようにイヌを殺したら、大騒ぎになるはずなのに」

オレンジ色のトラネコが静かにワナに入り、扉が落ちた。スミスがワナにタオルを被せ、最初のワナの隣に置く前に、そのネコはワナの中で数回ほど回転した。それから彼女は十数頭のネコが農場をうろついていると報告してきた人の電話に対応した。「そのネコたちに避難場所はありますか？　いいですね。あなたが餌を与えているのですか？　いいですね。避難場所、餌、水があることが基本です」

さらにワナの周りを嗅ぎ回る何頭かのネコが、夕暮れの中にただの黒いシルエットとして見えた。ついに小さな三毛ネコがワナに入り、扉が閉まった。スミスはワナにタオルを被せて車に載せた。立ち去るときが来た。

第8章　鳥、人そしてネコにとって望ましい世界

人類は以前にも増してその熟練の技を問われている。
自然を、ではなく、私たち自身を扱う技を。

レイチェル・カーソン

野放しネコの影響をどう考えるか

もしあなたが動物たち、とりわけコンパニオンアニマルを大切に思っているなら、ウェイン・パーセルに感謝すべきだろう。彼は、アメリカ動物愛護協会（ＨＳＵＳ）で広報を率いた二五年間（ＣＥＯと会長を務めた一〇年間を含む）に、多くの重要な動物保護関連法案の実効性を高め、協会の経営規模（年間収入一億六〇〇〇万ドル、会員数一一〇〇万人、アメリカで一五五番目に大きい慈善団体）と動物ケアプログラムの守備範囲を、劇的に拡大した。映画スターのような魅力的な容姿を持ちアメリカ北東部名門大学出身のこの人物は、動物たちにとって理想的で効果的な代弁者となってきた。ノンプロフィットタイムズ紙は、過去八年間で五回にわたり、パーセルを「才能と影響力を持つトップ五〇人」に挙げている。

その広範な活動の一環として、パーセルは「動物愛護の国」というブログを持っている。何年にもわたりいくつかの投稿で、彼は、本書が取り上げたのと同じ疑問について意見を述べてきた。それは、野放しネコをどうしたらよいか、についてである。彼（もしくは彼の広報部門）は、野放しネコ問題によってHSUSのような動物愛護団体が矛盾した立場に置かれることを常に認識してきた。二〇一一年一一月の投稿で彼は次のように述べている。

HSUSはあらゆる動物の保護を訴える。その動物には、家畜も野生動物も含まれる。たいていの場合は正義と悪が明らかで、倫理的にとるべき道筋がはっきりしている。しかし時には一つの生物種を守ることが、別の生物種を守ることと相反する場合も生じる。たぶん一番多いのは、野外ネコもしくは野生化ネコと、野生動物との間で生じる問題である。野外で暮らすネコは他のネコ、イヌ、コヨーテ、車、病気その他に脅かされているために、普通は長生きしない。と同時に、生きている間に小鳥や小型哺乳類や他の在来の野生動物を殺すだろう。捕食行動はネコのDNAに組み込まれているからだ。[1]

野放しネコが、私たちの周りの環境の健全さや福祉にもたらす問題に、どう取り組むのが最善だろうか。この問題に対して科学者たちが、パーセルやHSUSとは異なった見解を持っているのは、疑いようもない（例えば、HSUSはネココロニーの管理方法としてTNRを支持している）。しかし、野放しネコに関する議論につきまとう炎上しがちな表現の裏には、パーセルや自然保護論者や大部分の理性的な団体が合意できる点が多く存在する。例えば、①アメリカには野放しネコが多すぎる、②こうしたネコは野生動物に影響を及ぼす、③人間に病気を媒介している、④野放しネコは短命で危険に満ちた生活をしている、⑤ネコは室内飼いか、あるいは少なくとも屋内にいるほうが幸せである、⑥人間が問題の根本原因であり、したがって人間は野放しネコ問題に対処する倫理的な義務を負う、などである。

野放しネコが鳥類その他の野生動物の未来を脅かす第一原因でないことは明白である。生息地の破壊、気候変動、汚染といったすべてが、野生動物の個体群が良好な状態を維持するのに関わってくる。もし私たちの社会が将来世代のためにこうした種を存続させようと望むなら、すべての問題の最前線で、野生動物の未来を脅かす流れを食い止める必要がある。同様な観点から、私たちは多くの最前線で、捕食者であり病気の媒介者である野放しネコの数を減らし、在来動物への影響を低減するために行動しなければならない。

一つの解決法が特効薬になることはない。多方面にわたる戦略こそが野放しネコを減少に転じさせるだろう。野放しネコがいない（あるいは最低でも今よりも少ない）状態が、ネコによる野生動物の捕食被害を緩和し、ネコから人への病気の感染を減らす唯一の希望である。

野放しネコが減らない背景

自然環境から野放しネコを減らす第一歩は、より責任あるネコの飼い方を促すことである。もし飼い主がネコを捨て続けるなら、野放しネコの数は抑制できないだろう。同様に、もし飼い主がネコの不妊去勢をしないなら、野放しネコの数は抑えられないだろう。もしネコたちが自由に外をうろつくのを飼い主が放置するなら、他のネコと同じく野鳥や他の野生動物に被害を与え、ネコ自身も病気や捕食に遭い、車の事故その他によって路上で命を脅かされるだろう。

人々に行動を変えるよう説得するのは簡単でない。人々の行動に影響を与えるために二〇一四年に推定一七七億ドルを費やしたアメリカの広告スポンサーに聞いてみるとよいだろう。しかし、これは取り組むべき最重要項目の最初の一歩といえる。野生動物を診る獣医師のデヴィッド・ジェサップは、捨てネコ問題を考えるときに、ゴミ捨て行為との類似性を引き合いに出す。

「私が四、五歳の子どもだった頃は、リサイクルのために炭酸飲料のビンを探しながら道を歩いたものです。ゴミは至るところに落ちていて、車の運転中に窓からゴミを投げ捨てる人たちもいました。そのうちにゴミの捨て方が変わりました。一つには政府の広告キャンペーンのおかげです。今では、公共の建物で床につばを吐くのと同様に、ゴミのポイ捨てはモラルが最低の行為だと思われています。ペットを捨てること、不妊去勢しないこと、ペットを屋外に出してしまうことも、ゴミのポイ捨てのように社会的に容認されないようにする必要があります[2]」

なぜ、これほど多くの人たちがネコをこんなにぞんざいに扱うのか。ネコたちは野外で何とか自活できると多くの人が考えているというのが一つの説明である。それから、駐車場や公園へ置き去りにすれば、地元の愛護協会に渡すより、ネコにとって、より大きな生き残りのチャンスがあるかもしれないという考えである。あるいは、手に入れられるネコが余分にいれば、誰かがある一頭を（その個体の性格や飼い主の生活上、ちょっと都合が悪くなれば）いずれ別の個体と楽に交換できると思っているのかもしれない。たぶんネコは、ある種の人々にとって、どちらかといえば使い捨てできるものと考えられている。

「私たちの社会はネコを大事にしていないと思います」とオレゴン動物愛護協会理事長のシャロン・ハーモンは言う。「もしある動物を大事にしているなら、獣医師に診せずに放っておいたりしないし、夜は家に入れるし、もしいなくなったら、別の個体をすぐに手に入れようとする代わりに探しにいくでしょう。仮にあなたと私が夕食に出かけようとして、ゴミ箱の傍らにイヌがいるのを見たら、きっとそのイヌを助けようとするでしょう。どんなに良いレストランで、予約を取るのにどんなに待ったとしてもです。そのイヌを捕まえて、行方不明犬のお知らせをチェックして、獣医師のところに連れていくでしょう。その晩は、それですべて終わりでしょう。しかし、もし、ゴミ箱のそばにいるのがネコだったら、私たちの会話が途切れることはなく、たぶん、そこがネコの居場所ということで一件落着でしょう。ネコはイヌのようには扱われないのです[3]」

ネコシェルターの実状

逸話的な証言から察するに、多くの飼い主がペットを捨てるのは、動物シェルターに渡すことは死刑宣告と同じで、ペットはそこで嫌な終わりを迎えると、彼らが信じているかららしい。だから動物をシェルターに連れていくことは、ある人々にとっては、捨てるより恥ずべきことなのかもしれない。

飼い主から見た動物シェルターの地位を上げれば、ネコを飼えないか飼うつもりがなくなった飼い主に、都市公園や大学キャンパスにネコを置き去りにするのをやめてもらえるかもしれない。シェルターは地域社会にとっての助け舟、ネコが安住の地を見つけるための最善の場所とみなされるべきだし、そのような場所として資金援助がされなければならない。

シェルターが毎年、何百万頭ものネコを殺処分せざるをえないのは不幸な事実である。端的に言って、野外で飼い主もなく求められてもいない何千万頭もの動物たちを収容する場所や資金はない。ある人たちは、こうした大規模な安楽殺処分の代わりとして、殺処分なしのシェルターを提案する。主義としては見上げたものだが、殺処分なしのシェルターは、実際のところ楽観できるようなものではない。そうしたシェルターの資源には限界がある。大部分のシェルターは、一年のほとんどを限界かそれに近い状態で運営されている。そして、動物たちの一部は昔ながらのシェルターに連れていかれ、そこで眠らされることになるだろう。ネコの場合、多くの飼い主はただ野外に遺棄し、ネコたちは、しばしばかえって引き伸ばされ、苦痛に満ちた死に直面する。その一方で、前に詳述した生態学的な、そして公衆衛生上の問題を長引かせる。

生きたまま放す割合を高めようという「非殺処分シェルター」での最近のトレンドは、野外への帰還（Return to Field, RTF）と言い換えられているやり方である。この方法では、動物管理官に回収されたネコや他の迷い動物（おそらくネココロニーには属していない）は、ワクチンを打たれ不妊処置を施され、見つかったところに戻される。このやり方は、飼い主がいるのに迷子になったネコたちに、家に戻る道を見つけるための、より大きなチャンスを与えると提唱者は主張する。しかし、マイクロチップも鑑札もないのに、どうやって飼いネコと判断しているのかは不明である。もっと批判的な人たちの目には、RTFそのものが、非殺処分シェルターによって生きたまま放されるネコの数を水増しする方法と映るかもしれない。野外に戻された動物たちは死んでしまう可能性が高く、人道的なやり方とは言えないが、そうして死んだネコの数は非殺処分シェルターの集計表には決して載らないからだ。

飼い主側の問題

飼いネコに外を自由にうろつかせることは、ペットの無責任な飼い方のもう一つの例である。ネコを家の中で飼うことの利益は、本書で長々と述べてきた。屋内のネコは、他の野放しネコや野生動物から感染する可能性がある病気から守られている。コヨーテやボブキャット、イヌの捕食にも遭わず安全である。車にはねられることもない。他の動物を捕食することもない（胸当てや鈴その他のいわゆる捕食防止具について、ネコが野生動物を捕食することを妨げたり、病気を広げたり感染を防いだりする効果は示されていない）。そして、ネコたちが一般の人たちに病気をうつす可能性もずっと低くなる。

しかし調査のたびに、アメリカ人の大多数は飼いネコが自由に歩き回るのを許しているという状況が浮かび上がってくる。破滅的な結果を招くおそれのあるこうした態度の一因は、個々のネコが野生動物に及ぼす影響とネコたちを待ち受ける危険に対する（時には意図的な）無知である（「性悪なネコたちがいることはわかるが、私のネコちゃんは絶対に鳥を殺したりしない」）。そうした態度の一部は、ネコはネコらしくさせてやりたいという情報通の願望からきている。多くの飼い主は、ネコはうろついて狩りをするように生まれついていると信じ、ネコを愛する飼い主として、「私のネコが生活の質を高める行動をとれるようにするつもりだ」という態度をとる。

飼いネコの捕食が野鳥や哺乳類の生活へ影響を与えることに無関心なこうした考え方は、ジェニファー・マクドナルドらの二〇一五年の調査で裏付けられた。マクドナルドらは、ネコの飼い主の協力を得て、イギリスのイングランド地方南西端（コーンウォール州マウナンスミス）とスコットランド地方中部（スターリング北西のソーンヒル）で飼いネコの捕食行動に関する調査を行った。研究者たちは、将来の管理戦略の手がかりを得る目的で、飼いネコの捕食行動が飼い主の反応にどう影響を及ぼし、飼いネコの生態学的影響に対して飼い主がどのような態度をとるかを解き明かそうとした。

マウナンスミスで四ヶ月にわたって追跡調査された四三頭の飼いネコのうち三三頭は、毎月平均一・八九頭の野生動物を家に持ち帰った。飼いネコのうち一〇頭は獲物を家に持ち帰らなかった。ソーンヒルの四三頭のうち二八頭は一三ヶ月のあいだに毎月平均〇・八一頭の野生動物を持ち帰った。一五頭は獲物を持ち帰らなかった。

飼いネコたちの狩りの証拠を示されても、飼い主の九八パーセントはネコをいつも屋内に閉じ込めることに反対した。六〇パーセントは飼いネコたちが野生動物に危害を加えていることにすら同意しなかった。マクドナルドらは、調査対象となった飼い主たちは、飼いネコがもたらす生態学的なマイナスの影響を理解できず、飼いネコが野生動物の脅威であるという判定を拒否し、不妊去勢以外の管理方法に反対したと結論づけた。おそらくネコの飼い主は、自分のネコに喰われる野鳥や哺乳類を生き物としては見ずに、可愛がっている飼いネコのおもちゃとしか見ていないのであろう。

関連団体やペット業界の役割

アメリカ鳥類保護協会（ＡＢＣ）は一貫して、ネコを屋内で飼うように飼い主たちを説得してきた。ＡＢＣは、ネコを屋内に留めておくこと、あるいは飼い主の直接の管理下に置くことが、野鳥、ネコ、人々に多くの利益をもたらすと一般の人たちや政策立案者に教えるために、一〇年以上にわたって「ネコは屋内に」キャンペーンを、テレビを通じた公共広告、印刷物による広告、小冊子などで展開してきた。テレビ広告の一つに、鳥の餌台にいるショウジョウコウカンチョウが登場し、次に、飼い主が「楽しんでおいで、トラちゃん」と言って屋外に出されるネコの姿に切り替わるというものがある。ネコが庭の餌台の下に移動すると、画面には次の白い文字が現れる――「ネコは毎年二〇億羽の野鳥を殺しています」「どうかネコを家の中に留めてください。それがネコにとっても、野鳥にとっても、人々にとってもより良いことなのです」。

ＡＢＣの侵略的外来種プログラムディレクターのグラント・サイズモアは言う。「キャンペーンの目的は、この問題に関係するさまざまな人々に参加を促すことでした。私たちは、ネコと野生動物の問題を、ネコのことを心配している人々、野生動物に関心はあるがネコの影響をおそらく知らない人々、問題について考えたこともない人々に伝えたかったのです[4]」。ＡＢＣは一〇万部を超える「ネコは屋内に」の小冊子を関心を持つ団体に配布し、公共広告は数百回も放送されてきた。しかし、この程度のメディアへの露出では、ネコは愛玩動物だと言い張る四八〇〇万戸もの世帯に、キャンペーンの意図はとうてい届いていかない。

最近まで、アメリカ動物愛護協会（ＨＳＵＳ）も「ネコは屋内に」という指針を飼いネコに奨励してきた。そして、ネコと野生動物双方の安全のためにネコを屋内に留めるという誓約への署名を、ホームページを見る人たちに求めてきた。しかし、このページは現在削除されてしまっている。ＨＳＵＳの膨大な会員数と動物福祉分野での強い影響力を考えると、この組織にはもっと多くのことができるように思われる。

獣医師、ペットフード会社、ペット用品取扱い業者は、ペット飼育者に対して大きな影響力を及ぼしうる三つのルートである。動物病院の待合室や診察室に「ネコは屋内に」のポスターを貼ったり、パンフレットを置いたりすることはすぐできるし、獣医師自らも診察が終わるたびにネコを室内に留めておく重要性についてごく手短に説明できる。同様に、プロクターアンドギャンブル（アイムス）、ネスレ（ピュリナ、フリスキー）、マース（ペディグリー、カルカン）、その他の世界的なペットフード複合企業は、ネコ缶や袋に「ネコは屋内に」のメッセージを印字して、ほぼすべてのペットの飼い主に伝えることができる。そして、こうした銘柄の商品は、ネコと野生動物を守る取り組みを通じて良い宣伝効果を獲得できるだろう。

大きなペット用品取扱い業者も、「ネコは屋内に」のメッセージを商品のディスプレイに出したり買い物バッグに印刷したりすることで、同様な社会的な宣伝効果を得られる。こうした努力が一夜にして飼い主の行動を変えることはないだろうが、どんな広報でも繰り返しと強調がその力を発揮する。一九六〇年代半ばにタバコの箱に書かれ始めたアメリカ公衆衛生局長官の警告が、喫煙とがんの関係についての啓発を促したこと、また、喫煙は社会的に好ましくないと受け取られるよう促したことに疑問の余

図8-1　ネコ用テラス・キャティオ（Catios）。他の動物との遭遇や車にひかれる危険性を下げつつ、飼いネコが野外を楽しめる（キャティオ・スペース社提供）

地はほとんどない。この警告の掲載が、製造業者が自ら始めたのではなく、議会に義務付けられたことには留意しなければならないが、これが容器に書かれた情報の力である。

　何百万もの人たちが、長く幸せに生きるネコを屋内で飼っている。もちろん、気ままにうろつくことが許されないネコには刺激が必要だが、飼い主には多くの選択肢がある。何千万もの人たちがイヌを散歩させるように、ネコの飼い主も引き綱を手に入れてネコを散歩させられる。羽の玩具やレーザーポインターを使ってネコたちを居間で遊ばせることもできる。市販のOne Fast Catと呼ばれる新しい器具は、いわばハムスターの回し車のネコ版である。

　もし飼い主の家に屋外スペースがあれば、ネコが他の動物や車に出くわすのを制限する屋外の囲い、つまりネコ用テラス（キャティオ）を作るのもよいかもしれない（図8-1）。毎秋、ポートランド・オーデュボン協会とオレゴン野生化ネコ連盟は、市周辺の家庭にあるさまざまなデザインの囲いを見学する「キャティオ」ツアーを奨励している。

飼育許可制を目指す

アメリカの市や郡、州、そして連邦政府にも、ペットの飼い主に対してもっと責任を持つよう誘導する役割がある。多くの団体が市や郡に対してネコの飼育許可の取得を義務化するように提案してきた。イヌについてアメリカでは、遅くとも一八四〇年代から飼育許可証を発給してきた。ニューヨーク市でも一八九四年にイヌの飼い主に対して飼育許可を取得するよう求める条例が可決され、以来、アメリカの大部分の自治体がこれに続いた。

現在実施されているマイクロチップの挿入を伴う飼育許可制には利点が多い。この制度によって、市当局が飼い主に予防接種を義務付け、法令を遵守しているかを監視でき、迷子の動物が飼い主のもとに戻るのを助け、安全と公衆衛生上の理由で市や郡が担当地区のイヌの数を追跡することが可能になっている。また、飼い主を持たずにうろつく動物とペットの区別の手段を当局に提供し、その結果、飼い主のいないペットを管理方針に沿って取り扱うことが可能になっている（飼い主に対してペットの管理を求める地域条例は、一般にイヌを対象にするがネコには適用されていない。飼育許可制は条例の執行を推し進めるのに役立つであろう）。

イヌの飼育許可制は広く受け入れられているのに、ネコの飼育に許可が必要な自治体はほんの一握りにすぎない。なぜイヌについての基準をネコに適用するのにあまり関心が向かないのだろうか？「うろつくイヌに対してはいつも恐怖が伴う。これが要因です」と、アラバマ州オーバーン大学・森林野生生物学部のクリストファー・レプツィク准教授は断言する。彼はネコが野生動物に与える影響とTNRプログラムの効果に関して広範な研究を行ってきた。「イヌは、咬傷と狂犬病の両方を通じて、人の健康へリスクを突きつけます。一方ネコは、病気を引き起こす可能性はあるが、恐怖の要素は伴いません。ペットを飼うことが住民の権利ではなく住民に与えられる特典とみなされるようになれば、私たちはみんな利益を得ると思います」[5]。飼育許可は特典を得るための交換条件の一部になりうる。年間一頭当たり二〇ドルという許可料金は一六〇億ドルもの予期せぬ収益をもたらし、その資金は野放しネコの数を減らす取り組みに使えるだろう。

屋外で働き、人に馴れるペットでもあったネコの歴史的役割も、飼育許可制の導入を妨げてきたかもしれない。「イヌは外で飼うものだったが、あるときから家族の一員と認識されるようになり、屋内に持ち込まれました」とABCのグラント・サイズモアは言う。「ネコに対しては、私たちはまだ完全にそのような考えに至っておらず、多くの人たちは、ネコを納屋の辺りにいて外でネズミを獲る動物だと今もみなしています。ネコは人間と関わることも、人に何かしてもらうことさえも求めていないし望んでもいないという考えがあります。この考え方は変わらなければなりません」[6]

ペットの飼育許可・マイクロチップ挿入に関する条例の中で、ネコの不妊去勢も義務付けるべきである。これはアメリカのペットの飼い主たちがよく実行していることである。HSUSによれば、飼いネコの九一パーセントは不妊化されている。しかし、もし飼育許可制が広く適用でき、とりわけすべての市民が支払えるように不妊処置の費用を補助できるならば、この割合をほぼ一〇〇パーセントにできない理由はない。マディズ・ファンドやペット・スマート募金のような募金活動でTNR用に何百万ドルものお金が集まることを考えれば、資金調達はまず問題にならないだろう。

野放しネコの捕獲排除を巡る科学と非科学

個々の飼い主が自分のネコに責任を持たなければならない一方で、捕食者、また病気の媒介者である野放しネコを管理して、野生動物への影響を制限する課題に取り組むことは、すべての人の責任である。保全生態学的観点から最も望ましい解決策ははっきりしている。すなわち、あらゆる必要な方法を用いて、野外からすべての野放しネコを排除することである。しかし、野外を放浪するネコの多さ（飼い主のいない一億頭ものネコと五〇〇〇万頭もの野外を徘徊する飼いネコ）、また、もし捕まえることができたとして、そのネコたちをどう扱うかというひどく悩ましい問題を考えると、このような解決策はあまり現実的でない。そして、私たちがこれまで見てきたように、政治指導者たちにとっては、実質的な解決策の提案に踏み込んで有権者から支持を得ることはほとんど期待できないという点がある。赤字予算、提供可能な住宅の不足、持てる者と持たざる者との間で広がり続ける格差、その他の難問に直面して、政治指導者は、野放しネコが突きつける野生動物の窮状、誤解されあまり知られていない公衆衛生上の危険を、たとえ優先課題リストに載せていたとしても、リストの低いところに位置づけてしまっている。しかし、野放しネコがもたらす壊滅的な結果を考えれば、こうした状況は変える必要がある。

一般市民は野放しネコ問題のことを、脳天気にもほとんど知らない。これは、たいていの自然環境保全や鳥類保護の団体や野生動物の擁護者、保全生態学者が、問題の広がりや明確な行動の根拠となる科学的事実を効果的に論じてこなかったことが大きい。TNRプログラムの事例を取り上げてみよう。何となく関心を持ってTNRについてインターネットで検索する市民は、TNRはネコの数を管理する効果的な方法で、ネコにとって好ましく、実際に何百もの自治体で実施され、HSUSのような神聖化された動物福祉団体に容認されていると受け止めて終わりになってしまうだろう。TNRの検索結果を示すページ（ひょっとしたら二、三ページ目）の奥深くに、個体数管理法としてのTNRの欠点といった、話の別の面を詳述する論文へのリンクが隠れているかもしれない。

野放しネコの生態学的影響に関する話は聞こえてこない。しばしば、そうした話は（悪気はないだろうが）野放しネコを擁護する執拗で不正確な主張の陰に埋もれてしまっている。ここで、野外ネコを擁護する代表的ウェブサイトにある、こうした主張のいくつかを例を挙げて説明する。そしてネコ擁護者のいくつかの主張に対する科学的反論を添えてみよう。

ネコ擁護者の主張：ネコは一万年を超えるあいだ屋外で生きてきた。ネコたちはすでに自然環境の一部になっている。

科学的説明：（生物学的にみれば）イエネコは、北米を含む現在の生息域全体にわたって、侵略的外来種である。

ネコ擁護者の主張：現在、ネコは外で健康に暮らしていて、自然生態系の中で重要な役割を担っている。

科学的説明：野放しネコは比較的短命で、一般に厳しい暮らしをしていて、在来種を捕食し、いくつかのケースでは絶滅を引き起こし、病気を媒介して、あらゆる生態系の中で破壊的な役割をしている。

ネコ擁護者の主張：TNRは、時間の経過とともにネコの数を安定させ減少させることが証明されていることから、今日、アメリカにおける野生化ネコ管理の模範的な手法となっている。

科学的説明：これまでTNRがネコの数を安定化させたり減らしたりすることは証明されていない。むしろ実際には、いくつかの事例で、既存のネココロニーの拡大が示されている（コロニーが不妊去勢されていないネコたちを誘引するためで、それには無関心な飼い主がその地域に捨てたネコも含まれる）。

TNRの広がりとその効果への疑問

攻撃的なロビー活動のせいで、残念なことにTNRは野生化ネコの管理をするうえで事実上の選択肢の一つとなってしまったが、この手法は模範とすべきものではない。

野放しネコを擁護する主な団体が最もよく用いる（そして効果的な）戦術は、TNRの効果に疑問を呈したり、ネコが在来種や公衆衛生に及ぼす危険を公表するいかなる研究に対しても、露骨に言い逃れをするのでなければ、たびたび事実を適当に解釈して、容赦なく攻撃することである。自然科学に携わる団体はこのようなやり方はめったにしない。こうしたデマの波及効果は広範囲に及び、また深刻である。それは執拗で声高であることが持つ力の証でもある。十分に長期間、大きな声で、スプーンをナイフだと叫び続ければ、人々はそのことを信じ始めるか、あるいは少なくとも疑うことを止めて別のことに気を取られてしまう。

野生動物の擁護者、保全生物学者、そのほか解決策を見出すことを願う人々は、研究結果を周知させる必要がある。野放しネコのコロニーとＴＮＲを奨励する政策は批判されるべきであり、野放しネコが野生の鳥類や哺乳類や爬虫類の個体群に及ぼす影響はもっとはっきりとした例証が必要である。問題の緊急性――特に根絶あるいは消滅の危機にある動物に関わる場合――については詳細な説明がいる。

一般の人々は野放しネコがもたらす極めて現実的な健康被害についても警戒しなければならない。世論を巡る多くの闘いの前線――例えば公聴会や啓発活動――は誰もが活用できる。自然保護や研究に関わる組織のメンバーは、主張することが、たとえ科学者の伝統的な役割、あるいは慣れ親しんだ役割ではなくても、そうした集まりで話を聞いてもらわねばならない。

野放しネコの擁護者は、アメリカ全土で三〇〇近い市や郡がＴＮＲを支援する条例や政策を導入していると主張する。本書の執筆時点で、ＴＮＲを承認するか拒否するかを巡る戦線がワシントンＤＣ、デラウェア州、ネバダ州スパークスなどで生じている。ＴＮＲプログラムに反対する人々にとっては苦しい戦いだが、より責任ある行動を求める声が勝利を得ることは可能である。

最近の成功例はフロリダ州からもたらされた。二〇一三年の冬、動物の遺棄を禁止する条例の中で、TNRプログラムを禁止対象外にするという州法案（上院法案一三二〇）に反対するフロリダでの論争に、ABCは参戦した。その法案は基本的に同州でTNRを合法化しようとするものだった。オーデュボン協会フロリダ支部、野生動物擁護協会フロリダ支部、動物の倫理的扱いを求める人々の会（PETA、第7章参照）、フロリダ獣医師会との協働で、ABCは野放しネコに見られるトキソプラズマ症の蔓延とネコが野生動物に及ぼす影響に関するデータを提示した。フロリダ州議会の下院では法案は通過したが、上院では農業委員会において廃案に持ち込まれた。

さらに北方のニューヨーク州では、最近、アンドリュー・クオモ州知事が、TNRが野生化ネコを減らしておらず、野生化ネコが野生動物に大きな影響を及ぼしているという証拠を挙げて、同州の動物個体数管理プログラム基金の二〇パーセントまでをTNRプログラムに割り当てるという法案（A二七七八／S）に対して拒否権を行使した。ABC、オーデュボン協会ニューヨーク支部、コーネル大学鳥類学研究所、バードウオッチャー、動物福祉団体、スポーツマンのグループなどの利害関係者が集まって圧力をかけなければ、州知事がこうした態度をとることはおそらくありえなかった。

政府機関は、野放しネコの急増に対抗するため、先を見越して手を打つことができる。郡、州、連邦は、その権限に基づいて、公有地での野放しネコを禁止する法律を制定すべきである。そうした条例を整備すれば、動物管理官は健康被害（ネコは州や郡の公園にある遊び場に多い）をもたらし野生動物に加害する野放しネコ（ネコは絶滅危惧鳥類の営巣地が近くにある国設レクリエーション地区のキャンプ場にも生息している）を排除するための法的根拠を持てるであろう。

こうした法律の前例がある。連邦規制基準三六の二・一五は、国立公園指定地区におけるペットの禁止について述べており、以下のように要約される。

野放し状態であり、人間、家畜あるいは野生動物を殺したり傷つけたり苦痛を与えたりしていることを、権限を有する者に目撃されたペットや野生化した動物は、公衆の安全や野生動物、家畜、その他の公園の資源の保護のために必要な場合には、殺処分されることがある。また、野生動物に直接リスクを及ぼさないペットは、没収されることがある。[7]

生態系保全や公衆衛生に関わる人々は、科学的研究結果から乖離した管理政策を誘導しうる主張とは対決しなければならない。しかし、不妊去勢の推進や全般的な動物福祉といった共通の足場を探す取り組みの一環として、動物シェルターや獣医師団体と同じく、ネコの擁護団体とのコミュニケーションも維持しなければならない。適切な出発点の一つは、ネコが動物を殺している事実に関する率直な意見交換である。

「ネコ第一の人たちが、ネコの影響を認識するときに真の前進が始まるでしょう」。オレゴン動物愛護協会のシャロン・ハーモンは、そう断言する。「ネコが影響を及ぼしているという調査結果が出るたびに、ネコ第一の人たちは『それは違う。人間はもっと損害を与えている』と言います。私たちは、ネコが実際に野生動物に影響を与えていることに合意する必要があります。私たちがすべての動物（野生動物も家畜も）に対する責任を完全に自覚するまで、動物は死に続け、どちらか一方を擁護する人たちのあいだにあるとげとげしい関係はなくならないでしょう[8]」

島の捨てネコを減らす——オレゴン州での事例

過去一〇年で、オレゴン州ポートランドで互いに正反対の意見を持ちそうな二つの団体、ポートランド・オーデュボン協会とオレゴン野生化ネコ連合とのあいだに、起こりえないような連携ができた。「私たちは野生化ネコ連合と過去一〇年で、高いレベルの信頼関係を築きました」。ポートランド・オーデュボン協会の保全担当主任ボブ・サリンジャーは言った。「私たちは、共通の目標と感じるものに向かって非常に緊密に活動しています。人々は二つの団体が緊張関係にあると思いがちですが、まったく違います。実際は、最も近い自然保護のパートナー関係にあると言えます[9]」

前述のキャティオツアーに加えて、この二つの団体は、ヘイデン島ネコプロジェクトで協働している。このプロジェクトは、ポートランドとワシントン州バンクーバー市のあいだを流れるコロンビア川の小島にいる野放しネコの数を減らそうという、長年にわたる活動であり、ポートランド・オーデュボン協会の「ネコはお家で安全に」という大規模キャンペーンの一環である。島の一部は産業用に割り当てられてきたが、約二〇〇〜三〇〇ヘクタールの土地は未開発で残され、この地域にいる二〇〇種の野鳥の生息場所になっている。ヘイデン島は不要なネコの捨て場として使われ、その結果、野放しネコの活力ある集団を養う場となっていた。

ヘイデン島ネコプロジェクトは、島にいるネコの数を減らしうる解決手段の評価を目的としている。

そこにはＴＮＲも含まれる。「野生化ネコの関係者には、こうした取り組みを、ネコを捕まえて殺す方便と捉える人もいます」とサリンジャーは言う。「しかし、実際にはそんなことは起きていません。野生化ネコ連合の人たちは、私たちがすべての動物の全体的な福祉のために活動していることを理解していると思います」「この地域や国中の他の地域の鳥類保護関係者のなかには、私たちがＴＮＲを擁護することで白旗を上げたと言う人もいます。まさにその部分はどうにか私たちが折れてきたところです。私たちは問題に正面から取り組んでいると信じています。私は、私たちがポートランドでネコの捕食問題を解決する最善の方法がわかっていると言うつもりはありません。しかし、透明性の高いやり方で野生化ネコ連合と協働することで違うやり方を試しているのです」

多様な団体の協同――ハワイの事例

異なる信条を有するグループが共通の問題に対処するために連携するもう一つの事例がハワイのカウアイ島にある。郡の職員は急増する野放しネコに懸念を表明して、管理の選択肢を検討し勧告をまとめる作業部会の設立を呼びかけた。二〇一三年に郡の出資で「カウアイ野生化ネコ作業部会」が作られた。作業部会のメンバーは、カウアイ動物愛護協会、州政府土地資源局林業野生生物課、アメリカ魚類野生生物局、地元企業、カウアイアホウドリネットワークといった野放しネコ問題に関心を持つ幅広い団体で構成された。二〇一四年に発行された報告書で、「カウアイ野生化ネコ作業部会」は、以下を含む一一の勧告をまとめた。

・二〇二五年までに野放しネコをゼロにする目標を定めた動物管理条例を制定する。
・既存のネコ飼育許可条例を強化する。
・当該地域でのネコに関する法執行を指導するために、野生動物と文化の観点からネコの影響を受けやすい地区を特定する。
・郡の施設における給餌、シェルター収容、飼育を禁止する。
・外と家を行き来できるいかなるネコについても不妊処置を義務付ける。
・TNRコロニー（作業部会の用語では「捕獲・不妊化・再放逐・管理コロニー」）に、最低九〇パーセントの不妊化処置率を含む、より厳密な管理を義務付ける。
・野生動物と文化の観点から影響を受けやすい地区におけるネコの捕獲を優先する。
・普及啓発プログラムを開始（および資金提供）する。[10]

これまでのところ、カウアイ郡はいずれの作業部会勧告も実行していない。カウアイ地域ネコ基金の会員たちは、訴訟と意図的な攪乱を使った脅迫によって勧告の実施を邪魔し続けている。アメリカの絶滅危惧種リストに掲載されているハワイセグロミズナギドリ、ハワイシロハラミズナギドリ、ハワイマガモなど何種もが、カウアイ島で繁殖し、ネコココロニーで養われる野放しネコに捕食されている。

TNRとネコココロニーが容認される特例

科学的データからはTNRを擁護することはできないが、TNRは、それが救うと称するネコの存在と同じく、現実の一部になっていることは認めざるをえない。もしTNRとネココロニーが存続するなら、コロニーに属するネコたちを真剣に管理すること、そして、管理基準をいくつか要求することが重要である。ネココロニーがもたらす人の健康に及ぼすリスクと野生動物への影響を考慮して、ネココロニーの設置場所は、（野生動物管理の専門家が決める）重要性の高い野生動物生息地や人口密度の高い居住地から離れたところにしなければならない。ネコの不妊化、ワクチン接種、耳カットは、（それで終了ではなく）始まりにすぎない。そして最低でもネコにマイクロチップを挿入し、許可タグ付きの首輪を装着し、自動装置でモニターし、標準化した方法で訓練を受けた者が、コロニーとその周辺で定期的に頭数を数えるべきである。病気のリスクを考えて、獣医師がネコへワクチンの追加接種を施し、健康診断のために複数回の捕獲をするべきである。

ネココロニーの世話人は、ネコの行動、健康、他の動物に及ぼす影響について基礎的な理解を有することを示すため、正式な訓練と適格性の認定を受けるべきである。ネココロニーを容認し費用を負担する自治体も、他のプログラムを監視するのと同じく、その成功度を監視すべきである（ここで言う成功とは、ある時点までのネコの生息数全体の削減、または消滅と定義される）。市の行政官は、地域の野生動物に対するネココロニーの影響をさらに理解するために、行政範囲内のネココロニーについて調査されているかの確認が義務付けられるべきである。

すべてのネココロニーは状況に応じて随時見直しと修正を行う順応的管理がされなければならない。もし生息数の削減目標が達成されない、あるいは野生動物への影響や病気の感染が記録された場合には、ネコの全頭捕獲排除を含む新たな戦略や方針が採用されなければならない。不妊去勢、飼育許可取得、そして定められた管理をせずに野放しネコに給餌する個人に対しては、罰則も適用されるべきである(どのくらいの人々がこのカテゴリーに入るかを数えたデータはないが、おそらく何万人にも及ぶだろう)。

「世話人の一部は、ネコの排除が提案されると一定の所有権を主張したがります」とＡＢＣのグラント・サイズモアは言う。「しかし、同じネコが誰かに噛みついたり、物損事故や迷惑行為を起こしたりすると、『それは私のネコじゃない。私はときどき餌をやっているだけ』と反応します。彼らは責任を取りたくないのです[11]」

何度も繰り返し強調してきたが、可能な限り多くのネコを不妊去勢することの重要性を力説し過ぎることはない。ある推定では(前述のように)、一つのコロニーの野放しネコの不妊処置の割合は二パーセントという低さである。「現在のような高いレベルの繁殖は容認できないし、野外環境にいるネコの数を減らしてほしい。不妊去勢済みの割合が多くならない限り、ネコは指数関数的に増え続け、いつまで経ってもうまくいかないでしょう[12]」と野生動物獣医師のデヴィッド・ジェサップは言う。

野放しネコ対策を現実的に考える

本書でこれまで述べてきた議論をふまえると、非現実的であっても、自然環境から野放しネコの全頭排除を実現するのを優先すべきと私たちが結論づけても、読者は意外に思わないだろう。排除戦略に反対する一部の人たちが考えそうなこととは逆に、ネコを自然環境からいなくしたいと望む自然保護活動家、生態学者、公衆衛生担当官は、決してネコが殺されるのを見たいと願っているわけではない。彼らは単にネコを野外からいなくしたいのである。

もっと理想的な世界では、ネコは人との接触をいつでも受け入れ、人に貰われていくことになるだろう。もしネコが家庭に同化できない場合はサンクチュアリに連れていくことが一つの選択肢になるだろう。野生動物のサンクチュアリのことを聞いたり訪れたりしたことがあるかもしれない。そこは柵に囲まれた土地で、遺棄されたライオンやゾウその他の外来動物が、世話係に食べ物や医療を与えられて日々を過ごしている。ネコサンクチュアリも同じように、ネコの大きさに合わせて運営されている。そのようなサンクチュアリの一つがカリフォルニア州中央部のキングス郡フレスコ近くにある「キャットハウス」である。このサンクチュアリは七〇〇頭を超えるネコに棲みかを提供している。ネコたちは、ネコ用の柵で完全に囲まれた約五万平方メートルの土地を動き回ることができる。敷地にはいくつか離れ家があり風雨などを避けられる。ネコはキャットハウスに入るときに不妊去勢され、ワクチンを接種される。適性のある猫はすべて人に引き取られ、毎年五〇〇頭近くが家庭に落ち着く。キャットハウスで暮らすネコの多くは周辺地域から救い出された。これ以上飼いたくない人は五〇〇〇ドルの料金を支払って、ネコをキャットハウスに引き渡して死ぬまで面倒を見てもらえる。

キャットハウスとその従業員、支援者の努力は称賛に値する。彼らは、自然環境から捕食者であり病気の媒介者である野放しネコを取り除くと同時に、住民であるネコに、数ヶ月あるいは生涯にわたり、安全で世話が受けられる棲みかを提供している。しかし、サンクチュアリが現在の需要に見合うお手本になるとは思えない。アメリカに六〇〇〇万頭（控えめの推定）の野放しネコがいるとして、運営可能な避難所の収容数の上限を七〇〇頭とすると、八万六〇〇〇ヶ所ほどのサンクチュアリが必要になる。もし七〇〇頭のネコに必要な囲いの広さを約五万平方メートルとすると、八万六〇〇〇ヶ所のサンクチュアリは約四〇〇〇平方キロを超える。これはロードアイランド州の面積を超える。キャットハウスは世話をするネコ一頭当たりの餌代を一日約一ドルと推定している。そうすると一年間の餌代だけで、ロードアイランド州のGDPの半分近い二二〇億ドルに迫る。

ロードアイランド州の良民が、その土地を明け渡し、州から去る前に二万五〇〇〇キロの柵を建設し、州民に代わって棲むネコの支援に稼ぎの少なくとも半分を諦める用意がなければ、サンクチュアリは解決を実現する手段にはなりえない。また、地域にある従来型の動物シェルターは当てにはできない。アメリカ動物虐待防止協会（ASPCA）によれば、アメリカ全体にある約一万三六〇〇ヶ所の自立したシェルターは年間三四〇万頭のネコを受け入れている。一三〇万頭は引き取られ、一四〇万頭は安楽殺処分されている。もしシェルターが受け入れと譲渡の成功率を二倍か三倍に上げられたとしても（大多数のシェルターは資金不足で、ありえないことだが）それはネコの大海のほんの数滴にしかならない。

こうしたことすべては、より大きな認識へと向かわせる。問題の範囲とそれぞれのネココロニーを取り巻く状況をふまえると、自然環境から野放しネコを排除するすべての場合に適用できる単独の解決法はないだろう。もしすべての団体が合意できる答えがあったとしても、資金の問題が残るだろう。どうしたら数千万頭のネコをワナ捕獲する作業、あるいはロードアイランド州を柵で囲む作業の賃金が払えるのだろうか？

各州の魚類野生生物局はもちろんのこと、内務省はそうした事業の費用を賄う資金を持ってはいない。しかし、アメリカ疾病管理予防センター（ＣＤＣ）にとっては別問題だろう。ＣＤＣの二〇一六年度の推定予算は七〇億ドルである。公衆衛生のために州政府が支出する額は八七・五億ドルである。さまざまな政府部局が費用負担した宣伝キャンペーンは喫煙を減らす助けになった。トキソプラズマ原虫を保有するネコがもたらす潜在的病気を警告する宣伝掲示板は、人々の行動に影響を与えうるだろう。野放しネコが公衆衛生上の深刻な脅威であると認識して公衆衛生問題とみなされるなら、問題の管理にもっと資金が費やされる可能性がある。

野生化ネコ対策の成功事例と費用

大規模にネコの排除が成功したという話はこれまでのところあまりないが、いくつか明るい事例がある。一九九七年、カリフォルニア州チコ市にある、ビッグチコ川で二つに分かれる約一五〇〇ヘクタールの魅力的なビッドウェル公園は野放しネコで溢れ返りつつあった。公園は、町に近いことから、住民が不要ネコを簡単に捨てられる場所になっていた。ビッドウェル公園は何種かの野鳥の生息地であったが、カンムリウズラの生息数はネコの捕食で急減していた。地元の野鳥保護団体であるアルタカル・オーデュボン協会は、減少している野鳥の種類を特定し、対策をとるようチコ市に迫った。

協会と他の地域社会メンバーに発破をかけられて、市の公園・行楽地委員会はチコ市のネコの遺棄やゴミ捨てに関する法律（後者は公園で生活するネコに人が餌やりをすることを防ぐ法律）を施行し始めた。このことは市民に遺棄を止めるよう促したが、すでにいるネコの排除については何もしなかった。翌年、関心の高い市民が、ビッドウェル公園からのネコ排除を目的としてチコ市ネコ連合の設立に団結した。この最初の年に、四四〇頭のネコが首尾よく捕獲された。そのうち三四〇頭は引き取られ、五〇頭はサンクチュアリとされた納屋で生活するために送られ、五〇頭は安楽殺処分された。ビッドウェル公園のネコの数がかなり減ったことで、ウズラの生息数が回復した。ネコの命の最小限の損失によって、この公園の生態学的バランスが修復されたのである。

それから一〇年後、さらに複雑なネコ排除事業が、カリフォルニア南部の沖合約一〇〇キロにあるサンニコラス島（児童文学『青いイルカの島』の舞台としてよく知られる島）で展開された。一九五〇年代初め、おそらくは小さな海軍基地（ミサイル追跡サイト）に駐在する水兵たちが、この約九平方キロの島にネコを持ち込み、そしていつものようにネコが急増した。ネコたちは、連邦の絶滅懸念種リストに掲載されているシマヨルトカゲ、ユキチドリの西海岸亜種、シカネズミの亜種、州の絶滅懸念種リストに掲載されるシマハイイロギツネに加え、海鳥の個体群に悪影響を及ぼした。

異なる六団体（アメリカ海軍、アメリカ魚類野生生物局、非営利団体アイランド・コンサベーションなど）が結束して、サンニコラス島からネコを排除する計画を実施した。二五〇基の緩衝パッド付き脚挟みワナ、追跡犬、ＧＩＳ機能付きワナ監視システムが配備され、計画が一八ヶ月にわたって実行に移された。最終的に五九頭のネコが無傷で捕獲され、本土に空輸された。そこでネコたちは検査され、不妊去勢され、アメリカ動物愛護協会（ＨＳＵＳ）が用意したサンディエゴ近くのサンクチュアリに放された。このプログラムは三〇〇万ドル、ネコ一頭当たり五万ドルの費用がかかった。

サンニコラス島から莫大なコストをかけてネコを排除した大きな理由は、ネコが絶滅危惧種の脅威となっていたからである。ネコたちがワナで捕獲され生きたまま連れ出されたのは、アメリカ軍のネコ殺し部門と受け取られることに海軍が抵抗したからかもしれない。また、モントローズケミカル社がカリフォルニア南部の水域に数千トンものＤＤＴとＰＣＢ（ポリ塩化ビフェニル）を投棄した後に設立された基金であるモントローズ開拓地回復プログラムから、あり余る資金が得られたことにもよるだろう。

前述のように、生態学的観点からも倫理的観点からも、絶滅危惧種には絶滅回避のあらゆる機会を与えることが最優先される。優先度の高い野生動物生息地からネコの非致死的排除を行うための潤沢な費用がいつも得られるわけではないので、状況によっては致死的な方法が検討されなければならないだろう。

致死的排除法と生物多様性への投資

排除計画は最初に、絶滅のおそれかその懸念がある減少中の哺乳類、鳥類その他の野生動物の生息地であり、そしてネコもいるという、優先度の高い地域が特定されなければならない。そうした地域はすべての州に存在する。すぐに思いつくところでは、ニュージャージー州メイ岬（フエコチドリの極めて重要な営巣地であり、渡り性鳴禽類の重要な中継地）、テキサス州ガルベストン周辺地域（新熱帯区に渡る鳥類のアメリカにおける不可欠な中継地）、エリー湖南岸（カートランドアメリカムシクイなどの絶滅危惧種、キンバネアメリカムシクイなどの準絶滅懸念種を含む渡り鳥のもう一つの中継地）、ハワイ諸島全域（哺乳類のハワイモンクアザラシや、ハワイガモ、ハワイオオバン、ハワイクロエリセイタカシギ、野生絶滅したハワイガラスなど三三種の絶滅のおそれのある固有鳥類を含む多くの絶滅危惧種の生息地）が挙げられる。

こうした優先度の高い地域では野放しネコの許容頭数はゼロでなければならない。もしネコをワナで捕獲したら、その地域から排除し、戻してはならない。もしそのネコの行き先が見つからず、サンクチュアリもシェルターもなければ、安楽殺処分しか選択肢はない。もしネコがワナで捕獲できなければ、野外から排除するために別の方法、厳選した毒薬の使用か、プロハンターの駐留を採用しなければならない。

誰もネコを殺すという考えを好まない。しかし、時にそれは必要である。「人々は、その定義から安楽殺処分は人道的であることを認識する必要があります」と、野生動物獣医師のデヴィッド・ジェサップは言う。「それは眠らせることです。人が大々的にやりたがることではないが、不道徳なことではありません」。安楽殺に一般に用いられる薬剤はペントバルビタール（呼吸不全で致死させるバルビツール酸塩）である。適正量の投与により、動物はすぐに意識を失い、一、二分で心臓と脳の機能が停止する。

個体によってはワナに入らないネコもいる。そうしたネコは別の方法で野外から排除する必要がある。第6章で見たように、オーストラリアではキュリオシティー（ネコの呼吸を止めるPAPPを含有するソーセージ状の毒餌）を用いている。野生化ネコが、オーストラリアで絶滅が最も懸念される固有野生動物の最大の脅威となっている奥地（アウトバック地方）において、この毒餌が空中から散布されている。

インド洋南部のマリオン島（南アフリカ南端のケープタウンの南方約一九〇〇キロ）では、一九四九年に島に持ち込まれた五頭のネコが一九七五年には三五〇〇頭近くまで増え、推定五〇万羽のミズナギドリ類が殺された。危機に陥ったミズナギドリ類や他の鳥種を守るため、一九七七年にマリオン島ネコ根絶プログラムが始まった。何頭かのネコが、感染しやすく最終的に死に至る病気であるネコ汎白血球減少症に感染させられた。一九八二年までに三〇〇〇頭近くのネコがネコ汎白血球減少症に感染し駆除された。残ったネコは、一九八六年から一九八九年までの期間に、一組二名からなる八組のチームによって夜間にバッテリー式照明とショットガンを用いて射殺された。銃による駆除が有効でなくなると、ワナが配置された。一九九一年までに根絶プロジェクトは完了したと見られる。

絶滅危惧種を守るために自然環境からネコを排除することに反対する人たちのなかには、そうした取り組みに要する法外な経費を引き合いに出す人がいる。イギリス海外領の一つ、南大西洋アセンション島の事例がしばしば持ち出される。

セグロアジサシ、アオツラカツオドリ、メスグログンカンドリなどの海鳥の数は、イギリス人が最初に入植した一八一五年に二〇〇〇万羽と推定されていた。このイギリス人たちがアセンション島にネコを持ち込んだ。続く一五〇年の間に、島のほぼすべての海鳥のコロニーは消滅した。残存コロニーはネコが到達できない場所だけになった。二〇〇二年にイギリス王立鳥類保護協会がネコを根絶する取り組みの指導に踏み切った。毒餌とワナによる生け捕りが排除の主たる方法であった。二〇〇六年までにすべてのネコが安楽殺または排除された。それからまもなく、かつてネコが到達可能だった場所に、海鳥たちが再定着を始めた。二〇一二年までにメスグログンカンドリが営巣しに帰島した。これは一八〇年間で初めての営巣記録となった。根絶プロジェクトの経費は一三〇万ドルであった。一三〇万ドルが何種かの鳥を救うために法外に巨額な費用と考えるか、生物多様性のための賢明な投資と考えるかは、各人の考え方による。しかし純粋に財政的な観点から見ると、絶滅危惧種の保全措置をその都度行うよりも根絶が勝ることに——少なくとも地域レベルでは——疑問の余地はほとんどない。絶滅危惧種の保全に使われる費用を一種当たりに換算すると、二〇〇四年から二〇〇七年の期間に、メジロハエトリ南西地方亜種の個体数を回復させるのに六〇五〇万ドル、ホオジロシマアカゲラの保護に六七四〇万ドル、ハクトウワシの保護には八三〇〇万ドル近くが投入されてきた（フエコチドリの回復には控えめな三五七〇万ドルがかかっている）。

野放しネコを生態学的に傷つきやすい地区から排除することは困難で費用のかかる仕事である。しかし、いったんある動物種の生息数が危機的な低水準に陥った場合に、絶滅危惧種法が義務付ける巨額の投資に比べれば、資金の賢明な使い方といえる。普通種を普通に維持するためにお金をかけることは、個体数回復に取り組むよりも、ほぼ常に費用対効果が高い。

ネコ排除をより厳格に進めるとともに、自然保護活動家と政府担当部局は、訴訟の準備に入るべきである。ある訴訟例では、ネコを野外に放すことと野生化ネココロニーを養うことは、動物の遺棄を禁ずる法律と、渡り鳥条約法と絶滅危惧種法に違反することが示されている。ネココロニーとその世話人に対する禁止命令を講じることが、とりわけ渡り鳥や絶滅危惧種の生息場所となっている地域では必要になってくるだろう。

自然に関心を持つことの重要性

ペットにより責任を持ち、自然環境、そして個人を超えた社会全体の保健衛生を考えて、もっと責任ある行動をとるよう人々に納得させるうえでの最大の障壁は、おそらく自然界についての無知と無関心の増大だろう。私たちの社会は都市化の進行とともに、さまざまな電子的娯楽に一層絡めとられている。これら二つの要因は、私たちの社会全体がこれまでずっと深刻化させてきた自然からの乖離を強める。自然との結びつきがなくなるほど、自然の複雑さ、美しさ、そして時として訪れるその残酷さについての理解が低下する。私たち人類は、複雑に絡み合う自然のシステムの一部であり、私たち自らが破壊し続ける自然に依存しているという事実を見失っている。もしミズイロアメリカムシクイの存在自体を知らなければ、この鳥がいなくなってさえずりが聞けないことを寂しがるわけがない。

ネイチャー・コンサーバンシーの委託で実施された最近の世論調査では、アメリカの子どもたちが野外で過ごす時間が少なくなったことが確認され、その理由と割合がいくつか挙げられている。

子どもたちの

・八〇パーセントが虫や暑さなどのせいで、野外は居心地が悪いと感じている。
・六二パーセントが自然地域への移動手段を持っていない。
・六一パーセントが家の近くに自然地域がない。

世論調査の結果には明るい点が一つある。調査対象の子どもの六六パーセントは、自然の中で過ごした個人体験があり、その体験を好きになったと答えたことである。

ナショナル科学アカデミー紀要で最近公表された論文の中で、グレゴリー・ブラットマンと共著者たちは、精神疾患レベルの上昇は自然体験の減少に起因するとしている。彼らは実験により、自然に触れることが後ろ向き思考（うつ病その他の精神疾患にかかるリスクが高いことと関連する自己参照の不適応パターン）に及ぼす影響を調べた。被験者の一部は自然環境の中を九〇分間歩くよう求められ、他の人たちは市街地を九〇分間歩くよう求められた。市街地を歩いた人たちに比べて、自然の中を歩いた人たちは後ろ向き思考のレベルが低下し、精神疾患のリスクに関連する脳の領域（前頭前皮質膝下部）の神経活動が減少した。この結果は、都市化が進む環境で精神の健康を維持するうえで、自然に接することの重要性を示唆している。

より多くの子どもたちに自然を体験させることは、野外に蔓延する野放しネコの被害を受ける野生動物にとって、また自然環境が生態学的均衡を取り戻すために、最大の希望となるかもしれない。というのは、人々に愛していないものを助けるよう促すことはできないからである。そして、体験なしに何かを愛するよう促すこともできないからである。

もし、もっと多くのアメリカ人が野生の小鳥を手のひらに包んで、その小さな眼を覗き込み、心臓の鼓動を感じる機会を持っていたら、人々はそれらの生き物を危険にさらす脅威、とりわけ野放しネコのように私たちが管理できる脅威に立ち向かう行動をとろうとしていたかもしれない。

第9章　どのような自然が待ち受けているのか？

地球に残されたものを大切にして、その再生を促進することが、私たちが生き延びるための唯一の希望である。

ウェンデル・ベリー（アメリカの小説家）

対応の遅れがもたらす悲劇

一九三四年五月のよく晴れた金曜日、ヒュー・ハモンド・ベネットがアメリカ下院議員たちの前に立っていた。そのとき議員たちの脳裏には、ワシントンDCで皆に愛されているサクラ並木の春の花盛りの記憶がまだ鮮やかに残っていた。その頃内務省の一部署として創設された土壌侵食局のベネット局長は、議員たちの知らないある状況を知っていた。土埃の巨大な雲がグレートプレーンズ（大平原）から東に向かって急速に移動し、まもなく何百万トンもの土埃が首都ワシントンDCやニューヨーク市、ボストン、そして東海岸から数百キロも離れた船の甲板にさえ、降り積もるだろうことを。ニューヨークタイムズの記事は後に、空中に浮遊する表土が「目やのどに入り、ニューヨーカーたちは涙を流し咳き込んだ」と報告した[1]。

ベネットは三〇年ほどにわたり土壌を調査し、『Soil Erosion：A National Menace（土壌浸食：国家的脅威）』と題する農務省調査報告書の中で、この上なく的確に、一九二〇年代に起きた土壌浸食がもたらす破滅的影響の可能性について警告を始めていたのだった。草原は、土壌を保持する根を残さずに、空前かつ持続不可能な速度で耕起され、放牧されていた。一九三一年に始まった周期的な干ばつに伴って、土壌を完全な状態で保持してきた作物が枯れ、表土は文字通り吹き飛ばされ始めた。土埃の嵐は、その頻度を増して平原を吹き渡り、太陽を覆い隠し、建物全体を包み込んでいた。しかし、そのときまで、この重大事は立法府の議員連中や東海岸の権力者たちの生活の場を襲っていなかった。ワシントン記念塔、リンカーン記念館、そして連邦議会議事堂そのものを土埃の暗雲が包むなか、ベネットは居並ぶ代表たちに「紳士諸君、これこそが私が語ってきたことです」と告げたといわれている[2]。

アメリカ政府は彼のこのメッセージを受け止め、一九三五年までに土壌保全法を施行し、輪作、耕作の新方式と草本の積極的播種を義務付けた。その結果、土埃の嵐は短期間で半分以下にまで減少した。しかし、オクラホマ、アーカンソー、ミズーリ、アイオワ、ネブラスカ、カンザス、テキサス、コロラド、そしてニューメキシコの各州から移住を余儀なくされた三〇〇万人以上の州民にとって、こうした改善措置はやや遅すぎた。自分たちの営農方法がもたらす結果を知らずに行動し、できるだけ多くの小麦を育てて売りたいと望んで、多少とも盲目的な利己に走った結果、黄塵地帯（ダストボウル）の難民たちは新しい生活を探す旅に出ざるをえなくなった。大勢の人たちが、ドロシア・ラングの写真やジョン・スタインベックの『怒りの葡萄』に的確に描かれた胸の痛むような貧困と屈辱を経験した。

しばしば私たちは、ある問題が現実に大災害として目の前に現れるまでは、手をこまねいて対処しない。これは奇妙にねじれた人間の習性である。短期的目標へのこだわりが邪魔するか、悪い知らせを隠そうとする強固な意志によるか、あるいは惰性によるのかはともかくとして、多くの指導者は、解決に向けて動くよりも、成り行きを見ようという態度をとって、対応を先延ばしする。この傾向は、環境や保全に関わる問題では特に厄介な事態を招く。

実に多くの世代にわたって、アメリカの自然環境は無限の恵み――多数のバイソン、リョコウバト、サケ――を与えてくれるように見えた。ひょっとしたら私たち国民は、これほど豊かな土地の生物資源が本当に無限にあり、しかも自ら調整して永く続いてくれると思い込んできたのかもしれない。残った最後の個体群を救わなければならない羽目に陥ったり、それらがすでに絶滅してしまう事態が、突然に訪れるまでは。

大災害としての野放しネコ問題

野放しネコとは、飼い主がいないネコと、飼い主が野外を自由に行動させるネコの両方を指す。この野放しネコが環境上と公衆衛生上の大災害をもたらしていることに疑問の余地はほとんどない。現時点で、問題に対処する行動がほとんどとられていないのも同様に明らかである。実際、ごくわずかな人しか問題を認識していない。このことは、一体どのくらい差し迫った事態、あるいは悲劇が起こるなら、私たちは行動に移るのだろうか、という疑問を抱かせる。ネコの捕食が原因の一つで起きる、動物種のさらなる絶滅だろうか？　私たちが行動を起こす前に、フエコチドリ、ハワイシロハラミズナギドリ、ヒメヌマチウサギのローワーキーズ亜種（あるいは他の多くの鳥獣や他の多くの生き物のいずれか）が地球上から永遠に失われなければならないのだろうか？　あるいはネコから人に感染する狂犬病や腺ペストによる死亡や、統合失調症や自殺の急増を引き起こすトキソプラズマ原虫の感染拡大で、病気が集団発生する事態が起こらなければならないのだろうか？

トキソプラズマ症に関わる病気の急増が原因で起こる結果は、はっきりしていて、しかも深刻である。ある生物種の数が減少あるいは地球上から消滅した場合の、われわれが経験する文化的後遺症も深刻である。しかし多くの人にそのことを理解してもらうのはさらに難しい。私たちの居住地から何千キロも離れた場所に主要生息地がある小鳥や齧歯類の絶滅がなぜ問題になるのか？　自然作家テッド・ウィリアムズは、生息地の消失が主要因で減少しているフロリダイナゴヒメドリの未来について思いを巡らし、なぜ一つの生物種を保存すべきかの理由の一つを次のように語っている。

たぶん、なぜフロリダイナゴヒメドリが問題なのか、と聞かなければすまない人たちに対する唯一の説明は、こうである。人類の暮らしを豊かにする源（一理あるが）だからではなく、薬品や殺虫剤の元になる（たぶんどちらでもない）からでもなく、私たちの生活環境がまだ完全に破壊されていないことを教えてくれる指標種だからでもなく、別の何かだからでもない。ただフロリダイナゴヒメドリだからである。[3]

小説家で自然保護活動家のエドワード・アビーは、少し違った表現をしている。

私は、古めかしくて退屈で陳腐な「なぜ自然を守るのか?」という質問にうんざりしている。重要で難しいのは「いかにして? どのように自然を守るのか?」という問いだ。[4]

生態学者はよく、それぞれの生物種の大切さを生命のつづれ織りというイメージで表現する。これは、それぞれの生物が生態学的役割を持ち、より大きな生態系のなかで機能するという意味である。ある種が少なくなるたびに、つづれ織りの糸がほつれ出す。ある種が絶滅するたびに糸がなくなる。糸が傷んだりなくなったりするほど、つづれ織りが傷み、最後には消えてしまう。いくつかの種が提供する生態学的便益は明確である。ミツバチが草木の花粉を媒介するので、植物は繁殖できる。鳥が植食性の昆虫を減らすので、木々は成長できる。オオカミが病気や高齢のアカシカを捕食するので、アカシカの群れはその土地の環境収容量を超えない。他の多くの働きはさらに目立たない。

例えば、一九九五年にオオカミがグレーター・イエローストーン生態系に再導入されると、回復へのサイクルが始まった。一九三〇年代にイエローストーンで最後のオオカミが殺された後、アカシカの数がゆっくりと増加した。加えて、アカシカは捕食を避けるために行う移動分散を前ほどしなくなった。その代わり、特に冬季は川の近くに集まり、そこで若いヤナギを採食した。ヤナギの消失は、ヤナギに頼って生きるアメリカビーバーの数を抑制した。オオカミが戻ったことで、アカシカは移動し続け、小群に分散し、川とヤナギの周りに集中することがなくなった。ヤナギが回復した結果、ビーバーが帰ってきた。健全な数に戻ったビーバーは新しいダムを作り始めた。ダムは河川の水の動きを変え、水流を調節し、ノドキリマスの稚魚が育つのによりよい環境、すなわち生き返ったヤナギの陰の涼しい環境を作り出した。

たいていの生態学者は、それぞれの生物が生命のつづれ織りの中で果たしている役割はわかっていないし、すべての織り糸が互いにどう組み合わさっているか正確に理解していないことを進んで認めるであろう。そして、大きな力を秘めると同時に傷つきやすい織物がほつれだしたときには直ちに、私たちを待つ未来に対する重大な懸念を表明するであろう。

鳥類とそれらが象徴する、より大きな生態系は、多方面からの脅威にさらされている。気候変動、過度な開発による生息地の消失といったいくつかの課題は克服しがたく見えるほど巨大である。人は、有機肥料で栽培されたレタス一個を店で買うのに、車を家に置いてバイクを使うくらいはしてくれるかもしれない。しかし、温室効果ガス削減のためのこんな小さな協力が何か違いを生むのだろうか？ 特にレタスが約三〇〇キロも離れた農園からトラックで運ばれる場合には。野放しネコが自然環境の健全さに突きつける課題は気候変動に匹敵するようなことではなく、私たち一人ひとりが取り組めて、比較的短期間に逆転できる問題である。幸いにも自然はチャンスが与えられれば回復するのである。

一生物種としての人類もまた、悪性の疾病という形で多くの脅威に直面している。マラリア（蚊の媒介する寄生生物が引き起こす）は、アメリカではほぼ撲滅されたが、特にサハラ以南のアフリカで毎年数十万人の命を奪っている（二〇一二年に六二万七〇〇〇人）。私たちはマラリアの原因を理解していて、予防薬の服用などをすれば病気にかかる確率を下げることができる。感染しても早期に診断されれば、たいていはうまく治療できる。一方で新興の致死的な病気（エボラ出血熱やジカ熱など）が数年ごとに現れ、有限の資源に負担をかける。疫学者、医者、公衆衛生担当官が、病気を理解し、患者を治療し、より多くの人々への感染拡大を阻止するために集結するからである。

野放しネコが運んで人にうつす狂犬病や腺ペストなどの病原菌はおそらく蔓延の様相にはならないだろう。しかし、トキソプラズマ原虫の感染はすでに蔓延していて、私たちにまったく異なる状況をもたらしている。同時に私たちはこの病気の根本原因を理解していて、迫りくる公衆衛生上の危機を防ぐ力を手にしている。

乗り越えるべき二つの障壁

前章で私たちは、野放しネコを管理するための実際的な解決法を検討した。しかし、これらの勧告が実行可能になる前に、進路に立ちはだかる、もっと哲学的な性質を有する二つの障壁がある。

一つは、一般の人が問題の大きさを把握できていないことである。生態学者はスケールを考え研究することに時間を費やす。すなわち、近隣地から得たデータを数量化して、市域から地方、さらに大陸レベルにスケールアップしていく。ただしこの問題は大多数の人たちの意識には上らない。ネコの捕食習性に対する飼い主の態度に関する調査でジェニファー・マクドナルドと共同研究者たちが指摘したように（第8章参照）、飼い主たちがネコの野生動物への影響を理解するには、個々のネコによる捕食がネコの生息密度の増加に応じて、全体としてどのように大きくなるかを理解することが必要である。より多くの情報と知識を追加しなければ、自分の飼うネコ、あるいは地元のコンビニの裏の森にいる野良ネコが殺す一握り、あるいはバケツ一杯分の野鳥が、どのように広範で深刻な問題を象徴しているかを、

図9-1 室内飼いのネコ「タッズ」を抱く保全生物学分野の創始者の一人、マイケル・ソレー（ピーター・P・マラ）

一般の人が考えるのは難しいだろう。

スケールを当てはめられないのは、多くの人々が科学的研究の妥当性を認めるのに消極的であるか、それを理解できないという、より大きな問題が背後にあることを意味する。とりわけ、その研究が自分の信じることに反する場合には。

ワシントンポスト紙のクリス・ムーニー記者は科学の否定というテーマを広く調査した。ムーニーは、ある種の状況に目をつぶるのは人間が本来的に有する特性であり、事前に信じていることが、新しい情報の処理の仕方をゆがめる力を持ち、そのような事前の信念は、私たちが意識で再生する記憶やつながりをある程度、左右しさえする、と指摘している。この現象は確証バイアスと呼ばれる。ムーニーは気候変動への懐疑や幼児期のワクチン接種（多くの人が自閉症を引き起こすと〔誤って〕信じている）に対する激しい反発を科学の否定の例として挙げている。後者の例で否定派は、独自のメディア（例えば『Age of Autism（自閉症の時代）』というウェブサイト）を立ち上げ、次にそれを「権威ある情報源」として引用し、彼らの見解に疑問を投げかけるどんな新報告に対しても痛烈な批判や反論をもって襲いかかる。これは、多くの屋外ネコ擁護団体が、野放しネコが引き起こす問題を示唆するどんな新研究をも攻撃するやり方とよく似ている。

乗り越えねばならない二つ目の障壁は、ある人たちには、長期的に成功をおさめられる解決策の一環として、安楽殺処分が必要であると認めるのが、不本意であることだ。保全生物学の創設者の一人とされ、生物多様性保全の熱心な推進派であるマイケル・ソレーは、こうした殺さない倫理の断固たる信奉を、見当違いの思いやりの一例と見る（図9-1）。「保全や動物福祉の活動において、殺すことと一般に反対する人たちがいます」と彼は最近述べている。

「必ずしもそれは最も思いやりある行為ではありません。場合によっては殺さないことが見当外れの思いやりにつながり、時と場所によって殺すのが最も慈悲深いことがあるからです。そのような場合でも、しかし、殺したことをあなたは決して忘れないでしょう。それは慈悲心が持つ矛盾の一面です。ときどきあなたは情け深いことで苦しむのです[5]」

野放しネコの影響と私たちの未来

保全や生態学の関係者を除き、多くの人々は、どんな証拠が示されようと、野放しネコが生態学的な、また公衆衛生上の危険を引き起こすという考えをどうしても拒否したがる。ネコが野生動物に影響を及ぼしている可能性を認める気持ちがある人の一部は、問題は島に限られていると急いで付け加えたがる。野放しネコが島で不釣り合いに大きな影響を及ぼしてきた（し、それが続くであろう）ことは疑問の余地がない。前に論じたとおり、ネコが原因と確認された三三種の野生動物の絶滅は島で起きている。実際、ハワイ諸島の固有鳥類の多くが、野放しネコの捕食と、野放しネコによる病気感染のせいで、将来の命運が絶滅か存続かどちらに転ぶのかが見えない状態で、現在、絶滅危惧種リストに載っている。

しかし、一九八九年にスタンリー・テンプルの研究で示され、その後の多くの調査で確認されたように、野放しネコの影響はアメリカ本土でも同様であり、ある地域では影響がより強く感じられている。テンプルの研究は、ウィスコンシン州で、列をなす農作物のあいだに野生動物の自然生息地として維持された手つかずの草原の「島々」に、ネコの捕食が集中していることを示した。それらの「島々」は、そもそも野生動物の安住の地として設定されたものだ。市街地と郊外の開発は、これも「島々」に似た自然生息地の断片化を招いた。ただしその「島々」は、補助付き捕食者（すなわち人に給餌されているネコ）がいて、コヨーテのようなネコより大型の捕食者を欠いている。前に論じたように、こうした「島々」にいる野生動物が受ける影響は壊滅的である。明らかにネコは本土地域の野生動物個体群に影響を及ぼしている。

野放しネコの個体群は、野鳥や小型哺乳類の個体群を脅かしながら、グレートプレーンズ、ソノラ砂漠、ロッキー山脈、コロンビア盆地を制するだろうか？　そうなる可能性は高い。野放しネコ――外に出られる飼いネコを含めれば一億五〇〇〇万頭に及ぶ可能性がある――は、悪気はないが誤った考えに導かれた人たちが、哀れに思って餌をやっている温帯域や、ネコたちを養うのに十分な野生動物がいる人里から遠い地域に広がり続けるだろう。ネコは、数の増大につれて加速する勢いで、在来の野生動物の個体群を滅ぼし、病原体とそれが引き起こす病気を拡散し続けるだろう。制御を始めようとする政治的で道徳的な意志を私たちが結集できなければ、そのようになる。

野放しネコは大災害の前触れではない。彼らは、気候変動や動植物の生息地の破壊ほどには、アメリカで私たちの大多数が知っている生活のあり方を根本的に変えることはないだろう。しかし、もし現在の傾向が続けば、増えていく彼らの存在は、人獣共通感染症の罹患をおそらくかなり増加させることになるだろう。そして私たちは、野放しネコがいる地域で在来の鳥類その他の野生動物の減少を目にし続けることになる。そうなれば、ますます多くのアメリカ人が、野鳥の声を聞かずに目を覚ますようになり、ますます多くの餌台に野鳥が訪れなくなるだろう。私たちは、以前よりもモノクロで多様性が低くなったとわかる世界に取り残されるだろう。

フロリダ州は、少なくとも生態学的観点から、私たちを待ち受けるだろう、ある状況を暗示している。歴史的にフロリダはアメリカで最も生物種が豊富な州の一つだった。前世紀に、州の海岸沿いの草原、低地のマツ林帯、やや高いところに生育する常緑広葉樹林の多くが開発のために切り開かれた。開発を免れた環境、特にエバーグレーズ湿地帯も人が作り出し変容した水理学的な影響を受けてきた。未開発の地域が帯状に残されつつも、手つかずの生息地は道路で分断されて、移動が制限されるか、生態学的機能が低下した「島々」となってきた。これらの要因と、一部の地域では野放しネコが追い討ちをかけて、フロリダ州では絶滅危惧種と絶滅懸念種の数がハワイ州とカリフォルニア州に続きアメリカで三番目に多いという結果を招いた。連邦が指定した絶滅危惧種は五五種（鳥類八種を含む）、絶滅懸念種は三〇種（鳥類五種を含む）を数える。

フロリダ州は、定着した侵略的外来種の多さでも特筆に値し、五〇〇種を超える魚類その他の外来種が記録されている。なかでも有名な侵略的外来種、例えばビルマニシキヘビやオオトカゲなどは、無責任な飼い主が、ペットが大きくなり過ぎ、暴れて手に負えなくなったとして、エバーグレーズ（や他の湿地）に放したために定着した。亜熱帯気候のこの地はこれらの侵略的外来種の好むところとなり、多くの固有種を捕食し続けている。この傾向が今後も続けば、五〇年か一〇〇年後のフロリダの動植物相は、ディズニーワールドができる以前に存在した動植物の集まりにうわべが似ているだけの状態になってしまうであろう。

前述した、ワシントンDCの大理石の記念建築群を一九三四年五月に包み込んだグレートプレーンズの土埃が一掃されてほどなく、アメリカの穀倉地帯を最終的には滅亡させかねない災害を回避する行動が起こされた。さらに自然との不安定な関係から起きる別の潜在的災害を未然に防ぐために、アメリカ人は再び結束して資金と頭脳を集めた。二〇世紀の幕が開ける頃、東部沿岸地帯の都市に住む多くの人たちに、辺りをうろつくイヌの群れから狂犬病の感染が生じた。議員たちは、飼育許可とワクチン接種を義務付け、イヌを自由にうろつかせるのを違法とするために行動した。人々のイヌの扱いに対する姿勢が変化し、うろつき、感染したイヌを街路から排除する法的な改善措置がとられた。同様の変化がDDTについても起きた。レイチェル・カーソンの『沈黙の春』のおかげで、私たちはDDTがワシ、ハヤブサ、ペリカンなど多くの鳥類の未来を脅かしていることに気づいた。一〇年の歳月と数十億ドルが費やされたものの、DDTは最終的に禁止された。そして野鳥たちの個体群が回復した。

テ・パパ・トンガレワ（ニュージーランド国立博物館）は、市のウォーターフロントにあるウェリントン港を見渡す場所にある印象的な建造物である。丘を背に道を渡った向かいにはビール工場直営のパブがあり、近くにビジネス中心街の高層ビルがある立地は、サンフランシスコにやや似ていなくもない。テ・パパの六階建てのフロアにはニュージーランドの自然と文化の歴史についての展示がある。ダイオウホウズキイカの世界最大の標本（重さ約五〇〇キロ、全長約四メートル）に加えて、侵略的外来種とその影響に関する詳しい展示、滅びてしまったニュージーランドの生物種の標本がある。マオリ族の乱獲によって一四〇〇年代に絶滅したモア、そして、最大の猛禽の一つとして知られ、その主要な獲物のモアが絶滅したことで、やはり一四〇〇年代に絶滅したハルパゴルニスワシの模型がある。

三階には、大型の絶滅鳥の仲間に比べるとやや目立たないが、小さなガラスケースの中に二体のスチーフンイワサザイの模造標本が置かれている（図9-2）。スチーフンイワサザイがここにあるのは、悪気のない灯台守がティブルスという名のネコをスティーブンス島に連れてきたからである。そのネコと子孫はネコらしく振る舞った、つまり獲物を狩って殺した。捕食者のいないところで進化し飛翔も反撃もできなかったスチーフンイワサザイはネコの格好の標的となり、数年のうちに滅んだ。

図9-2　過去の生息環境を再現した展示にあるスチーフンイワサザイの２羽の模造標本。（テ・パパ・トンガレワ〔ニュージーランド国立博物館〕提供）

たまに、見学ツアーでイカを探して場所を間違えた少年か少女の一人がやってきて、長いくちばしと脚を持ち、見た目のやや変な、少し逆立った薄茶の羽をした小鳥を見て、その絶滅についての説明を読むかもしれない。その少年か少女は、絶滅とは何かや、この剝製が地球上に残る小さな茶色の鳥のごく少数の標本の一つであることを理解するかもしれないし、しないかもしれない。このイワサザイは、一二〇年以上前に絶滅してしまっているが、野放しネコを人が持ち込んだために永久に失われてしまった他の動物種のことを、静かに思い起こさせるものとして存在し続けている。絶滅は、人々、国、世界をより貧しいものにすることではないだろうか？　私たちはそうだと考える。

今日、悪気のない人たちの行動、あるいはそれと同じくらい重要な、「行動しないこと」が、世界中で生態学的健全さのつづれ織りを少しずつほころびさせ、人々の健康を脅かすという意図しない結果をもたらしている。家の中でネコは素晴らしいペットになる。野外に放たれれば、自らの過ちではないのに、無慈悲な殺し屋、病気の温床となる。野外をさまようネコがいれば、それほど遠くない未来に、あなたの息子や娘たちが自然史博物館に入って、「現在は絶滅」という札のついたフエコチドリ、ベニアジサシ、ハワイガラス、フロリダヤブカケス、ワタシロアシマウスのキーラーゴ島（フロリダ）亜種、ハイイロシロアシマウスのチョクタハッチー（フロリダ西部）亜種、ハレギトガリネズミのカタリナ島（カリフォルニア）亜種、ヒメヌマチウサギのローワーキーズ（フロリダ）亜種、その他いくつでもいいが、世界中の島や大陸産の動物種のつつましい展示に行き当たることを想像するのは難しいことではない。

注

第1章　イエネコによる絶滅の記録

1——灯台守デビッド・ライアルの人物評、あるいは一八九四～九五年にスティーブンス島にいる間の彼の思考と観察についての記録はほとんど残っていない。その間に彼が熟考し、行った活動は想像上のものであるが、その当時のナチュラリストの知識体系と鳥類学の技術に整合する。

2——Medway『The land bird fauna of Stephens Island（スティーブンス島の陸棲の鳥類相）』

第2章　イエネコの誕生と北米大陸での脅威

1——Brattstrom and Howell『Birds of the Revilla Gigedo Islands（レビジャヒヘド諸島の鳥類）』

2——スタンリー・テンプルへのピーター・マラによる二〇一四年九月二四日の取材

第3章　愛鳥家と愛猫家の闘い

1——Carlson『Roger Tory Peterson（ロジャー・トリー・ピーターソン）』八頁

2——同上

3――Seton『二人の小さな野蛮人（Two Little Savages）』三一二頁
4――クリス・サンテラとの二〇一四年一一月六日の論議でのビル・トンプソンの発言
5――Carlson『Roger Tory Peterson（ロジャー・トリー・ピーターソン）』三頁
6――Santella『Fifty Places（フィフティー・プレイス）』へのビル・トンプソンの序言
7――クリス・サンテラとの二〇一五年四月一〇日の談話でのシャロン・ハーモンの発言
8――ウェブサイト・キャットスター『75 Reasons（七五の理由）』
9――ニューヨーク州法、条項第二六
10――『Cat Colony Caretakers, Episode 3.（ネココロニー世話人、第三話）』
11――『Cat Colony Caretakers, Episode 2.（ネココロニー世話人、第二話）』
12――『Cat Colony Caretakers, Episode 1.（ネココロニー世話人、第一話）』

第4章　ネコによる大量捕殺の実態

1――Forbush『The Domestic Cat（イエネコ）』三頁
2――同上、二九頁
3――同上、三七～四二頁
4――同上、一〇六頁
5――Brinkley『Wilderness Warrior（大自然の闘士）』六頁
6――Stallcup『Cats（ネコ）』八頁
7――アンジェ署名記事『That Cuddly Kitty（あの可愛いネコ）』ニューヨークタイムズ電子新聞

第5章　深刻な病気を媒介するネコ――人獣共通感染症

1――アメリカ獣医師会『アメリカ獣医師会狂犬病対策規定』

2——アメリカ疾病予防管理センター『寄生虫：トキソプラズマ症』

第6章　駆除vs愛護——何を目標としているのか

1——アメリカ魚類野生生物局『絶滅危惧種法第三項』
2——アメリカ魚類野生生物局『連邦法判例集』
3——動物の法的防衛基金『テキサス』
4——デイヴィッド・ファーブルのクリス・サンテラとの二〇一五年四月二一日付メールでの交信
5——ミシガン州立法科大学『議題六二』
6——ビバースドルフ　映画『Here, Kitty Kitty（おいで、ネコちゃん）』
7——スタンリー・テンプルへのピーター・マラによる二〇一四年九月二四日の取材
8——ジョン・ワイナスキーへのクリス・サンテラによる二〇一五年五月一一日の電話取材
9——Adams『Wamsley walks away（ワムスレーは立ち去る）』
10——オーストラリア連邦政府環境局『草稿』
11——Tharoor『Australia actually declares 'war'（オーストラリアは現実に宣戦布告する）』
12——グレゴリー・アンドリュースへのクリス・サンテラの二〇一五年五月一四日の取材
13——Ramzy『Australia Writes Morrissey（オーストラリア、モリッシーを書く）』
14——キャッツ・トゥ・ゴー　https://garethsworld.com/catstogo/#.VvnUzOYp6PU.
15——ガレス・モーガンへのクリス・サンテラの二〇一四年一二月五日の取材
16——Groc『Shooting Owls（フクロウを撃つ）』
17——ボブ・サリンジャーへのクリス・サンテラの二〇一四年四月二二日の直接取材
18——Cornwall『There Will Be Blood（血が流れる）』
19——Marc Beckoff『数千羽のウを殺すアメリカ陸軍工兵部隊』

20——Barcott『Kill the Cat（ネコを殺せ）』
21——同上
22——ＣＢＳニュース『公判中のバードウオッチャー』
23——Rice『ガルベストンのバードウオッチャー／ネコ殺し』
24——Moonraker『世界中の愛鳥家、歓喜する』

第7章　ＴＮＲは好まれるが、何も解決しない

1——クリス・サンテラとの二〇一三年四月一〇日の談話でのサラ・スミスの発言
2——動物の倫理的扱いを求める人々の会『History（歴史）』
3——動物の倫理的扱いを求める人々の会『What is PETA's stance?（ＰＥＴＡはどんな立場をとるか）』
4——クリス・サンテラとの二〇一五年七月二一日のオレゴン動物愛護協会の談話でのロン・オーチャードの発言
5——クリス・サンテラとの二〇一三年四月一八日の談話でのサラ・スミスの発言
6——Dauphiné and Cooper『Impacts of Free-Ranging Domestic Cats（野放しイエネコの影響）』二一三頁
7——ヒューストン市『About Trap-Neuter-Return Program（ＴＮＲプログラムについて）』
8——同上
9——クリス・サンテラとの二〇一三年四月一一日の談話でのローラ・グレッチの発言
10——Barrows『Professional, ethical, and legal dilemmas（職業上、倫理上、法律上のジレンマ）』
11——Longcore et al.『Critical assessment（危機的アセスメント）』
12——全米オーデュボン協会『全米オーデュボン協会決議』
13——Dell' Amore『Writer's Call to Kill Feral Cats Sparks Outcry（執筆者の野生化ネコ殺処分呼びかけが抗議を引き起こす）』

第8章　鳥、人そしてネコにとって望ましい世界

1——Pacelle『Finding Common Ground（共通の地平線を見つけよう）』
2——クリス・サンテラとの二〇一五年九月四日の談話でのデヴィッド・ジェサップの発言
3——クリス・サンテラとの二〇一五年四月一〇日の談話でのシャロン・ハーモンの発言
4——クリス・サンテラとの二〇一五年九月九日の談話でのグラント・サイズモアの発言
5——クリス・サンテラとの二〇一五年九月一二日の談話でのクリストファー・レプツィクの発言
6——クリス・サンテラとの二〇一五年九月九日の談話でのサイズモアの発言
7——ミシガン州立法科大学『Code of Federal Regulations. Title 36.（連邦規制基準第三六）』
8——クリス・サンテラとの二〇一五年四月一〇日の談話でのハーモンの発言
9——クリス・サンテラとの二〇一五年三月一五日の談話でのボブ・サリンジャーの発言
10——Adler『Kauai Feral Cat Task Force : Final Report（カウアイ野生化ネコ作業部会：最終報告）』
11——クリス・サンテラとの二〇一五年九月九日の談話でのサイズモアの発言
12——クリス・サンテラとの二〇一五年九月四日の談話でのジェサップの発言

第9章　どのような自然が待ち受けているのか？

1——ヒストリー・ドット・コム『This Day in History : May 11, 1934（歴史上の今日：一九三四年五月一一日）』
2——アメリカン・エクスペリエンス『Surviving the Dustbowl（ダストボウルで生き残る）』
3——Williams『The Most Endangered Bird in the Continental U.S.（アメリカ本土の最絶滅危惧鳥類）』
4——Abbey『Cactus Chronicles（カクタス・クロニクル誌）』
5——クリス・サンテラ、ピーター・マラとの二〇一五年一〇月一七日の議論でのマイケル・ソレーの発言

訳者あとがき

本書はネコを生態系の外来捕食者として捉えた初めての本格本である。著者のマラや登場人物のテンプルらと同じように、私たち訳者のほとんどは、生まれ育った国の自然を愛する鳥類学や生態・保全生物学の研究者で、もともとは「ネコ問題」の専門家ではなかった。海鳥、野生のウサギやネズミの研究、保全に携わるなかで「ネコ問題」に直面し、のっぴきならない状況に身を置いてきた。その危急性は、私たちにではなく、ネコに追い詰められる野生動物にこそ存在する。

私が研究対象にする東アジア固有繁殖鳥のオオミズナギドリの世界最大繁殖地では、繁殖鳥の九五パーセントが滅びた。ある人は、それはネコのせいではないという。他にも原因がある、だからネコに構うな、どの場所も今はネコの定住地なのだから、と。だが、仮にその言葉を容認すれば、その先には野生動物の絶滅が見える。今やネコは日本の多くの平野や山間地で最も巧みな肉食獣となっているだけに、日本の自然は危機的な状況に追い込まれている。とりわけ島でネコのもたらす脅威は目を覆うほどすさまじい。

本書が取り上げるネコは、使役あるいはペット由来のネコである。生物学的にはヨーロッパヤマネコに近縁なリビアヤマネコを祖先にする、イエネコと呼ばれる家畜である。主にネズミ駆除のために人が同伴し、南極を除く世界のすべての大陸と、ほぼすべての有人島に渡った。その子孫たちは今や、所有者がいるネコだけでも世界で五億頭、人と接点を持つ野良ネコや、自立して暮らすノネコにいたっては、推定値すら出ていない。この家畜であるイエネコは、ネコ科動物はもとより、現生哺乳類のなかで人とともに最も繁栄しているといって過言ではないだろう。優れた肉食獣の能力をいかんなく発揮して、分布を広げた多くの地で野生動物を追いやりながら、管理の手をすり抜ける魔法の杖を持っている。その魔法の杖とは、言うまでもなく、人という地球最強の応援団である。そして今や人々のなかに、ある種の戦争をも引き起こしている。ネコ擁護者と野生動物擁護者の間に続く、不毛ともいえる「ネコ戦争」(原著タイトルのCat Wars)である。

振り返れば、「ネコ戦争」が日本で起こったのは、マララが生まれ育ったアメリカよりも半世紀遅れた。その理由は、ネコ戦争が経済的豊かさの指標と都市化の指標に深く関係するためだろう。両手に得た物質的豊かさと便利な暮らしと引き換えに、両指の間から、ぱらぱらとこぼれ落ちていった自然の豊かさと、都市の暮らしや核家族の寂しさを紛らわす存在として、多くの現代人がペットに生き物の温もり、連帯、心の安らぎを求めた側面が、ネコ問題の根源に存在するからだ。

ネコ問題に潜むもう一つ重要なことは、ネコたちがネコ科特有の感染症を広げ、野生動物のみならず人に脅威をもたらしていることである。これはあまり知られていないが、人とネコが共犯で拡散する怖さがネコ問題に潜む。人獣共通感染症の密かな進行は、愛猫家も動物愛護団体もあまり意識していない盲点といえるだろう。コンパニオンアニマルの双璧をなすイヌに比べてネコの管理が遅れたのは、野外にいるネコの危険性が認識されていないからである。ネコは田舎では害獣駆除の役割を担わされ、街中では散歩の手間が要らない野放しできるペットとして、今も人間側の都合に振り回されているからだ。本書にはネコの感染症の危険性が丁寧に述べられている。

本書は、ネコが生態系に与える影響を測るために、ネコを以下のようにひとくくりにしている点で特徴がある。飼いネコであっても、終日あるいは限られた時間、屋内から外に出るネコは、野外のみで生活する野良ネコ、ノネコとともに、野放しネコと認識されている。外に出る飼いネコも野外に暮らすネコ同様に、多くの野生動物を殺していることが、最新のテクノロジーを使った野外研究からも判明しているからである。

本書に登場する動物の和名は原則として、鳥類では『世界鳥類和名辞典』（山階芳麿ほか、一九八六、大学書林）、哺乳類では「世界哺乳類標準和名目録」（川田伸一郎ほか、二〇一八、日本哺乳類学会）に依拠した。

また邦訳にあたって、当該地域を示すため地図を挿入した（図1-1、2-1、2-6、6-2）。

本書は、ネコ問題に取り組む「外来ネコ問題研究会」の、山田（一〜三章）、岡（四、五章）、塩野﨑（六、七章）、石井（八、九章）がそれぞれの担当章を素訳し、岡が石井と検討を重ねて仕上げた。訳の企画を提案いただいた築地書館社長の土井二郎氏、編集者の黒田智美氏に心からお礼を申し上げる。

私たち「外来ネコ問題研究会」は、野外にいるネコから日本の固有な自然生態系を守ることを目的に二〇一六年に結成し、一人でも多くの方々に問題の緊急性を伝えるために、ネコ問題を抱える島々や東京でシンポジウムや研究集会を行ってきた。マラ博士や先達らのアメリカでのネコ問題との闘いに今も先が見えないように、日本でも先が見通せない。それぞれの国で人と自然が共存する道を探す過程で、私たちはネコ問題の解決の手がかりや手法を見つけ出せるかもしれない。本書がそれに貢献できるなら、訳者一同この上なくうれしい。

二〇一九年一月　　訳者を代表して　岡　奈理子

U.S. Fish and Wildlife Service. “Piping Plover Fact Sheet.” http://www.fws.gov/midwest/endangered/pipingplover/pipingpl.html (accessed Jul. 20, 2015).

Velasco-Murgía, M. Colima y las islas de Revillagigedo. Colima, Mexico: Universidad de Colima, 1982.

Vuilleumier, François. “Dean of American Ornithologists: The Multiple Legacies of Frank M. Chapman of the American Museum of Natural History.” The Auk 122, no. 2 (2005): 389-402.

Vyas, Ajai, Seon-Kyeong Kim, Nicholas Giacomini, John C. Boothroyd, and Robert M. Sapolsky. “Behavioral changes induced by Toxoplasma infection of rodents are highly specific to aversion of cat odors.” Proceedings of the National Academy of Sciences 104, no. 15 (2007): 6442-47.

Warner, R. E. “Demography and movements of free-ranging domestic cats in rural Illinois.” Journal of Wildlife Management 49, 2 (1985): 340-46.

Watts, E., Y. Zhao, A. Dhara, B. Eller, A. Patwardhan, and A. P. Sinai. “Novel approaches reveal that *Toxoplasma gondii* bradyzoites within tissue cysts are dynamic and replicating entities in vivo.” MBio 6, no. 5 (2015): e01155-15.

Williams, Ted. “The Most Endangered Bird in the Continental U.S.” Audubon, Mar.-Apr. 2013. https://www.audubon.org/magazine/march-april-2013/the-most-endangered-bird-continental-us (accessed Oct. 24, 2015).

Wilson, Don E., and DeeAnn M. Reeder (eds). Mammal Species of the World: A Taxonomic and Geographic Reference. 3rd ed. Baltimore: Johns Hopkins University Press, 2005. Winter, L. “Popoki and Hawaii’s Native Birds.” ‘Elepaio 63 (2003): 43-46.

Winter, L. “Trap-neuter-release programs: The reality and impacts.” Journal of the American Veterinary Medical Association 225 (2004): 1369-76.

Wisch, Rebecca F. “Detailed Discussion of State Cat Laws.” Michigan State University College of Law. https://www.animallaw.info/article/detailed-discussion-state-cat-laws (accessed Jul. 15, 2015).

Work, Thierry M., J. Gregory Massey, Bruce A. Rideout, Chris H. Gardiner, David B. Ledig, O. C. H. Kwok, and J. P. Dubey. “Fatal toxoplasmosis in free-ranging endangered ‘Alala. from Hawaii.” Journal of Wildlife Diseases 36, no. 2 (2000): 205-12.

World Health Organization. “Rabies Fact Sheet No. 99.” Mar. 2016. http://www.who.int/mediacentre/factsheets/fs099/en/ (accessed Apr. 7, 2016).

World History of Art. “Cats in History.” http://www.all-art.org/Cats/BIG_BOOK1.htm (accessed Apr. 4, 2015).

Zasloff, Lee R., and Lynette A. Hart. “Attitudes and care practices of cat caretakers in Hawaii.” Anthrozoös 11, no. 4 (1998): 242-48.

Stromatolites and Microfossils." Precambrian Research 158 (2007): 141-155.

Seton, Ernest Thompson. Two Little Savages: Being the Adventures of Two Boys Who Lived as Indians. Oxford: Benediction Classics, 2008.

Sleeman, J. M., J. M. Keane, J. S. Johnson, R. J. Brown, and S. V. Woude. "Feline leukemia virus in a captive bobcat." Journal of Wildlife Diseases 37, 1 (2001): 194-200.

Stallcup, R. "Cats: A Heavy Toll on Songbirds. A Reversible Catastrophe." Focus 29. Quarterly Journal of the Point Reyes Bird Observatory (Spring/Summer 1991): 8-9. http://www.pointblue.org/uploads/assets/observer/focus29cats1991.pdf.

Stanley Medical Research Institute. "Toxoplasmosis-Schizophrenia Research." http://www.stanleyresearch.org/patient-and-provider-resources/toxoplasmosis-schizophrenia-research/ (accessed Sep. 19, 2015).

State of New York, Department of Agriculture. Article 26 of the Agriculture and Markets Law Relating to Cruelty to Animals. http://www.agriculture.ny.gov/ai/AILaws/Article_26_Circ_916_Cruelty_to_Animals.pdf.

Stearns, Beverly Peterson, and Stephen C. Stearns. Watching, from the Edge of Extinction. New Haven, CT: Yale University Press, 2000.

Stenseth, Nils Chr., Bakyt B. Atshabar, Mike Begon, Steven R. Belmain, Eric Bertherat, Elisabeth Carniel, Kenneth L. Gage, Herwig Leirs, and Lila Rahalison. "Plague: Past, present, and future." PLoS Med 5, no. 1 (2008): e3.

Stenseth, Nils Chr., Noelle I. Samia, Hildegunn Viljugrein, Kyrre Linn. Kausrud, Mike Begon, Stephen Davis, Herwig Leirs, et al. "Plague dynamics are driven by climate variation." Proceedings of the National Academy of Sciences 103, no. 35 (2006): 13110-15.

Tharoor, Ishaan. "Australia actually declares 'war' on cats, plans to kill 2 million by 2020." Washington Post, Jul. 16, 2015. https://www.washingtonpost.com/news/worldviews/wp/2015/07/16/australia-actually-declares-war-on-cats-plans-to-kill-2-million-by-2020/.

Theodore Roosevelt Association. "The Conservationist." http://www.theodoreroosevelt.org/site/pp.aspx?c=elKSIdOWIiJ8H&b=8344385 (accessed Aug. 16, 2015).

Tobin, Kate. The Rundown. "Did wolves help restore trees to Yellowstone?" Sep. 4, 2015. http://www.pbs.org/newshour/rundown/wolves-greenthumbs-yellowstone.

Torrey, E. F., J. J. Bartko, and R. H. Yolken. "*Toxoplasma gondii*: Meta-analysis and assessment as a risk factor for schizophrenia." Schizophrenia Bulletin 38 (2012): 642-47.

Torrey, E. Fuller, and Robert H. Yolken. "*Toxoplasma gondii* and schizophrenia." Emerging Infectious Diseases 9, no. 11 (2003): 1375.

United States Census Bureau. "America's Families and Living Arrangements: 2012." Aug. 2013. http://www.census.gov/prod/2013pubs/p20-570.pdf.

United States Department of Agriculture. Natural Resources Conservation Service. "Hugh Hammond Bennett: 'Father of Soil Conservation.'" http://www.nrcs.usda.gov/wps/portal/nrcs/detail/national/about/history/?cid=stelprdb1044395 (accessed Oct. 23, 2015).

U.S. Fish and Wildlife Service. "Birding in the United States: A Demographic and Economic Analysis." http://www.fws.gov/southeast/economicImpact/pdf/2011-BirdingReport--FINAL.pdf (accessed Apr. 20, 2015).

U.S. Fish and Wildlife Service. "Digest of Federal Resource Laws of Interest to the U.S. Fish and Wildlife Service." http://www.fws.gov/laws/lawsdigest/esact.html (accessed Jul. 22, 2015).

U.S. Fish and Wildlife Service. "Endangered Species Act | Section 3." http://www.fws.gov/endangered/laws-policies/section-3.html.

People for the Ethical Treatment of Animals. "What is PETA's stance on programs that advocate trapping, spaying and neutering, and releasing feral cats?" http://www.peta.org/about-peta/faq/what-is-petas-stance-on-programs-that-advocate-trapping-spaying-and-neutering-and-releasing-feral-cats.

Peterson, Roger Tory. Peterson Field Guide to Birds of North America. New York: Houghton Mifflin Harcourt, 2008.

Pet Food Institute. "Pet Food Sales." http://www.petfoodinstitute.org/?page=PetFoodSales (accessed Jul. 6, 2015).

Ramzy, Austin. "Australia Writes Morrissey to Defend Plan to Kill Millions of Feral Cats." New York Times, Oct. 14, 2015. http://www.nytimes.com/2015/10/15/world/australia/australia-feral-cat-cull-brigitte-bardot-morrissey.html (accessed Oct. 20, 2015).

Ratcliffe, Norman, Mike Bell, Tara Pelembe, Dave Boyle, Raymond Benjamin Richard White, Brendan Godley, Jim Stevenson, and Sarah

Sanders. "The eradication of feral cats from Ascension Island and its subsequent recolonization by seabirds." Oryx: The International Journal of Conservation (published for Fauna and Flora International) no. 44, 1 (2009): 20-29.

Raup, D., and J. Sepkoski Jr. "Mass extinctions in the marine fossil record." Science 215, 4539 (1982): 1501-3.

Recuenco, Sergio, Bryan Cherry, and Millicent Eidson. "Potential cost savings with terrestrial rabies control." BMC Public Health 7, no. 1 (2007): 47.

Renne, Paul R., Alan L. Deino, Frederik J. Hilgen, Klaudia F. Kuiper, Darren F. Mark, William S. Mitchell, Leah E. Morgan, Roland Mundil, and Jan Smit. "Time Scales of Critical Events Around the Cretaceous-Paleogene Boundary." Science 339, no. 6120 (Feb. 7, 2013): 684-87.

Rice, Harvey. "Galveston Bird Watcher/Cat Killer Won't Be Retried." Houston Chronicle, Nov. 16, 2007. http://www.chron.com/news/houston-texas/article/Galveston-bird-watcher-cat-killer-won-t-be-retried-1647458.php.

Rocus, Denise S., and Frank Mazzotti. "Threats to Florida's Biodiversity." University of Florida IFAS Extension. http://edis.ifas.ufl.edu/uw107 (accessed Oct. 7, 2015).

Roebling, A. D., D. Johnson, J. D. Blanton, M. Levin, D. Slate, G. Fenwick, and C. E. Rupprecht. "Rabies Prevention and Management of Cats in the Context of Trap-Neuter-Vaccinate-Release Programmes." Zoonoses and Public Health 61, 4 (2014): 290-96.

Roelke, M. E., D. J. Forester, E. R. Jacobson, G. V. Kollias, F. W. Scott, M. C. Barr, J. F. Evermann, and E. C. Pirtel. "Seroprevalence of infectious disease agents in free-ranging Florida panthers (*Felis concolor coryi*)." Journal of Wildlife Diseases 29 (1993): 36-49.

Royal Society for the Protection of Birds. "Are Cats Causing Bird Declines?" http://www.rspb.org.uk/makeahomeforwildlife/advice/gardening/unwantedvisitors/cats/birddeclines.aspx. (accessed Apr. 18, 2015).

Royal Society for the Protection of Birds. "Decline of Urban House Sparrows." http://www.rspb.org.uk/whatwedo/projects/details/198323-causes-of-population-decline-of-urban-house-sparrows- (accessed Apr. 18, 2015).

Rupprecht, Charles E., Cathleen A. Hanlon, and Thiravat Hemachudha. "Rabies re-examined." The Lancet Infectious Diseases 2, no. 6 (2002): 327-43.

Santella, Chris. Fifty Places to Go Birding Before You Die. New York: Stewart, Tabori & Chang, 2007.

Schopf, J. W., A. B. Kudryavtsev, A. D. Czaja, and A. B. Tripathi. "Evidence of Archean Life:

Moonraker. "Bird Lovers All Over the World Rejoice as Serial Killer James M. Stevenson Is Rewarded by a Galveston Court for Gunning Down Hundreds of Cats." Cat Defender, Nov. 20, 2007. http://catdefender.blogspot.com/2007/11/bird-lovers-all-over-world-rejoice-as.html.

Moseby, K. E., and B. M. Hill. "The use of poison baits to control feral cats and red foxes in arid South Australia. I. Aerial baiting trials." Wildlife Research 38, 4 (2011): 338-50.

Moura, Lenildo D. E., Lilian Maria Garcia Bahia Oliveira, Marcelo Yoshito Wada, Jeffrey L. Jones, Suely Hiromi Tuboi, Eduardo H. Carmo, Walter

Massa Ramalho, et al. "Waterborne toxoplasmosis, Brazil, from field to gene." Emerging Infectious Diseases, vol. 12, no. 2 (Feb. 2006): 326-29. http://wwwnc.cdc.gov/eid/article/12/2/pdfs/04-1115.pdf.

National Audubon Society. "About Us." https://www.audubon.org/about.

National Audubon Society. "Beating the Odds: A Year in the Life of a Piping Plover." http://docs.audubon.org/plover (accessed Jul. 20, 2015).

National Audubon Society. "National Audubon Society Resolution: Resolution Approved by the Board of Directors on Dec. 7, 1997, Regarding Control and Management of Feral and Free-Ranging Domestic Cats." http://web4.audubon.org/local/cn/98march/nasr.html (accessed Sep. 21, 2015).

National Oceanic and Atmospheric Administration, Montrose Settlements Restoration Program. "About Us." http://www.montroserestoration.noaa.gov/about-us/ (accessed Oct. 13, 2015).

National Park Service. "Spotted Owl and Barred Owl." http://www.nps.gov/redw/learn/nature/spotted-owl-and-barred-owl.htm (accessed Oct, 10, 2015).

National Weather Service Weather Forecast Office. "The Black Sunday Dust Storm of 14 April 1935." http://www.srh.noaa.gov/oun/?n=events-19350414 (accessed Oct. 23, 2015).

The Nature Conservancy. "Kids These Days: Why Is America's Youth Staying Indoors." http://www.nature.org/newsfeatures/kids-in-nature/kids-in-nature-poll.xml (accessed Oct. 9, 2015).

North American Bird Conservation Initiative, U.S. Committee. The State of the Birds 2014 Report. Washington, DC: U.S. Department of Interior, 2014. 16 pages. http://www.stateofthebirds.org (accessed Aug. 18, 2015).

Nutter, Felicia Beth. "Evaluation of a trap-neuter-return management program for feral cat colonies: Population dynamics, home ranges, and potentially zoonotic diseases." PhD diss., North Carolina State University, Raleigh, 2006.

O'Brien, Michael, Richard Crossley, and Kevin Karlson. The Shorebird Guide. New York: Houghton Mifflin Company, 2006.

Pacelle, Wayne. "Finding Common Ground: Outdoor Cats and Wildlife." A Humane Nation: Wayne Pacelle's Blog, Nov. 21, 2011. http://blog.humanesociety.org/wayne/2011/11/feral-cats-wildlife.html?credit=blog_post (accessed Sep. 20, 2015).

Palanisamy, Manikandan, Bhaskar Madhavan, Manohar Babu Balasundaram, Raghuram Andavar, and Narendran Venkatapathy. "Outbreak of ocular toxoplasmosis in Coimbatore, India." Indian Journal of Ophthalmology 54, no. 2 (2006): 129.

Patronek, G. J. "Free-roaming and feral cats-their impact on wildlife and human beings." Journal of the American Veterinary Medical Association 212, no. 2 (1998): 218-26.

People for the Ethical Treatment of Animals. "The Deadly Consequences of 'No-Kill' Policies?" http://www.peta.org/features/deadly-consequences-no-kill-policies/ (accessed Oct. 14, 2015).

People for the Ethical Treatment of Animals. "PETA's History: Compassion in Action." http://www.peta.org/about-peta/learn-about-peta/history/.

the United States." Nature Communications 4 (2013): 1396.

Lowe, Sarah, Michael Browne, Souyad Boudjelas, and M. De Poorter. 100 of the World's Worst Invasive Alien Species: A Selection from the Global Invasive Species Database. Auckland, New Zealand: The Invasive Species Specialist Group, n.d.

Loyd, K.A.T., S. M. Hernandez, J. P. Carroll, K. J. Abernathy, and G. J. Marshall. "Quantifying free-ranging domestic cat predation using animal-borne video cameras." Biological Conservation 160 (2013): 183-89.

Martínez, J. E., and R. L. Curry. "Conservation status of the Socorro Mockingbird in 1993-94." Bird Conservation International 6 (1996): 271-83.

Martínez-Gómez, J. E., A. Flores-Palacios, and R. L. Curry. "Habitat requirements of the Socorro Mockingbird, Mimodes graysoni." Ibis 143 (2001): 456-67.

May, John Bichard. Edward Howe Forbush: A Biographical Sketch. Edited by Robert F. Cheney. Boston: Society from the William Brewster Fund, 1928.

Maynard, L. W. "President Roosevelt's List of Birds, seen in the White House Grounds and about Washington during his administration." Bird Lore 12, no. 2 (1910). http://www.theodore-roosevelt.com/images/research/trbirdswhitehouse.pdf.

McAuliffe, Kathleen. "How Your Cat Is Making You Crazy." The Atlantic, Mar. 2012.

McDonald, Jennifer L., Mairead Maclean, Matthew R. Evans, and Dave J. Hodgson. "Reconciling actual and perceived rates of predation by domestic cats." Ecology and Evolution 5, no. 14 (2015): 2745-53.

Medina, F.lix M., Elsa Bonnaud, Eric Vidal, Bernie R. Tershy, Erika S. Zavaleta, C. Josh Donlan, Bradford S. Keitt, Matthieu Corre, Sarah V. Horwath, and Manuel Nogales. "A global review of the impacts of invasive cats on island endangered vertebrates." Global Change Biology 17, no. 11 (2011): 3503-10.

Medway, D. G. "The land bird fauna of Stephens Island, New Zealand in the early 1890s, and the cause of its demise." Notornis 51 (2004): 201-11.

Meli, M. L., V. Cattori, F. Martínez, G. López, A. Vargas, M. A. Simón, H. Lutz, et al. Feline leukemia virus and other pathogens as important threats to the survival of the critically endangered Iberian lynx (*Lynx pardinus*)." PLoS One 4, 3 (2009): e4744.

Michigan State University College of Law. "Code of Federal Regulations. Title 36." https://www.animallaw.info/administrative/us-dogs-large-part-2-resource-protection-public-use-and-recreation-%C2%A7-215-pets (accessed Oct. 3, 2015).

Michigan State University College of Law. "Question 62-Feral Cats-DEFEATED." https://www.animallaw.info/statute/wi-cats-question-62-defeated.

Millín, J., and A. Rodríguez. "A serological survey of common feline pathogens in free-living European wildcats (*Felis silvestris*) in central Spain." European Journal of Wildlife Research 55, 3 (2009): 285-91.

Millener, P. R. "The only flightless passerine: The Stephens Island Wren (*Traversia lyalli*: Acanthisittidae)." Notornis 36, 4 (1989): 280-84

Modern Cat. "TNR Week: A Brief History of TNR-Q&A with Ellen Perry Berkeley." http://www.moderncat.net/2010/09/14/tnr-week-a-brief-history-of-tnr-qa-with-ellen-perry-berkeley/ (accessed Sep. 5, 2015).

Mooney, Chris. "The Science of Why We Don't Believe Science." Mother Jones, May/June 2011. http://www.motherjones.com/politics/2011/03/denial-science-chris-mooney (accessed Oct. 8, 2015).

Association, vol. 225, no. 9 (Animal Welfare Forum: Management of Abandoned and Feral Cats, 2004): 1377-83.

Jessup, D. A., K. C. Pettan, L. J. Lowenstine, and N. C. Pedersen. "Feline leukemia virus infection and renal spirochetosis in a free-ranging cougar (*Felis concolor*)." Journal of Zoo and Wildlife Medicine 24 (1993): 73-79.

Kays, Roland, Robert Costello, Tavis Forrester, Megan C. Baker, Arielle W. Parsons, Elizabeth L. Kalies, George Hess, Joshua J. Millspaugh, and William McShea. "Cats are rare where coyotes roam." Journal of Mammalogy 96, no. 5 (2015): 981-87.

Kays, Roland W., and Amielle A. DeWan. "Ecological impact of inside/ outside house cats around a suburban nature preserve." Animal Conservation 7, no. 3 (2004): 273-83.

Knight, Kathryn. "How pernicious parasites turn victims into zombies." Journal of Experimental Biology 216, no. 1 (2013): i-iv.

Kreuder, C., M. A. Miller, D. A. Jessup, L. J. Lowenstine, M. D. Harris, J. A. Ames, T. E. Carpenter, P. A. Conrad, and J. A. K. Mazet. "Patterns of Mortality in Southern Sea Otters (Enhydra lutris nereis) from 1998-2001."

Journal of Wildlife Diseases 39, no. 3 (Jul. 2003): 495-509.

Kunin, W. E., and Kevin Gaston, eds. The Biology of Rarity: Causes and Consequences of Rare-Common Differences. Springer Netherlands, 1996.

Lawton, J., and R. May. Extinction Rates. Oxford and New York: Oxford University Press, 1995.

Lepczyk, Christopher A., Nico Dauphine, David M. Bird, Sheila Conant, Robert J. Cooper, David C. Duffy, Pamela Jo Hatley, Peter P. Marra, Elizabeth Stone, Stanley A. Temple. "What Conservation Biologists Can Do to Counter Trap-Neuter-Return: Response to Longcore et al." Conservation Biology (2010): 1-3.

Levy, J. K., and P. C. Crawford. "Humane strategies for controlling feral cat populations." Journal of the American Veterinary Medical Association 225, no. 9 (2004): 1354-60.

Levy, Julie K., David W. Gale, and Leslie A. Gale. "Evaluation of the effect of a long-term trap-neuter-return and adoption program on a free-roaming cat population." Journal of the American Veterinary Medical Association 222, no. 1 (2003): 42-46.

Ling, Vinita J., David Lester, Preben Bo Mortensen, Patricia W. Langenberg, and Teodor T. Postolache. "Toxoplasma gondii seropositivity and suicide rates in women." Journal of Nervous and Mental Disease 199, no. 7 (2011): 440.

LLRX.com. "The Domestic Cat and the Law: A Guide to Available Resources." http://www.llrx.com/features/catlaw.htm.

Lohr, Cheryl A., Christopher A. Lepczyk, and Linda J. Cox. "Identifying people's most preferred management technique for feral cats in Hawaii." Human-Wildlife Interactions, no. 8 (2014): 56-66.

Longcore, Travis, Catherine Rich, and Lauren M. Sullivan. "Critical assessment of claims regarding management of feral cats by trap-neuter-return." Conservation Biology 23, no. 4 (2009): 887-94.

Loss, Scott R., Tom Will, and Peter P. Marra. "Direct Mortality of Birds from Anthropogenic Causes." Annual Review of Ecology, Evolution, and Systematics 46, no. 1 (2015).

Loss, S. R., Tom Will, and Peter P. Marra. "Direct human-caused mortality of birds: Improving quantification of magnitude and assessment of population impacts." Frontiers in Ecology and Environment 10 (2012): 357-64.

Loss, S. R., Tom Will, and Peter P. Marra. "The impact of free-ranging domestic cats on wildlife of

Gratz, N. G. "Rodent reservoirs & flea vectors of natural foci of plague." In O. T. Dennis, K. L. Gage, N. Gratz, J. D. Poland, and E. Tikhomirov (eds.), Plague Manual: Epidemiology, Distribution, Surveillance and Control, pp. 63-96. Geneva, Switzerland: World Health Organization, 1999.

Grier, Katherine C. Pets in America: A History. Chapel Hill: University of North Carolina Press, 2006.

Groc, Isabelle. "Shooting Owls to Save Other Owls." National Geographic, Jul. 19, 2014. http://news.nationalgeographic.com/news/2014/07/140717-spotted-owls-barred-shooting-logging-endangered-species-science/.

Gunther, Idit, Hilit Finkler, and Joseph Terkel. "Demographic differences between urban feeding groups of neutered and sexually intact free-roaming cats following a trap-neuter-return procedure." Journal of the American Veterinary Medical Association 238, no. 9 (2011): 1134-40.

Hamilton Raven, Peter, and George Brooks Johnson. Biology. New York: McGraw-Hill Education, 2002, p. 68.

Hanson, Chad C., Jake E. Bonham, Karl J. Campbell, Brad S. Keitt, Annie E. Little, and Grace Smith. "The Removal of Feral Cats from San Nicolas Island: Methodology." In R. M. Timm and K. A. Fagerstone (eds.), Proceedings: 24th Vertebrate Pest Control Conference, pp. 72-78. Davis: University of California, 2010. http://www.islandconservation.org/UserFiles/File/Hanson%20et%20al%202010_final.pdf (accessed Oct. 12, 2015).

Hayhow, D. B., G. Conway, M. A. Eaton, P. V. Grice, C. Hall, C. A. Holt, A. Kuepfer, D. G. Noble, S. Oppel, K. Risely, C. Stringer, D. A. Stroud, N. Wilkinson, and S. Wotton. The State of the UK's Birds 2014. Sandy, Bedfordshire: RSPB, BTO, WWT, JNCC, NE, NIEA, NRW, and SNH, 2014.

Held, J. R., E. S. Tierkel, and J. H. Steele. "Rabies in man and animals in the United States, 1946-65." Public Health Report 82 (1967): 1009-18.

History.com. "This Day in History: May 11, 1934: Dust storm sweeps from Great Plains across Eastern states." http://www.history.com/this-day-in-history/dust-storm-sweeps-from-great-plains-across-eastern-states (accessed Nov. 2, 2015).

House, Patrick K., Ajai Vyas, and Robert Sapolsky. "Predator cat odors activate sexual arousal pathways in brains of Toxoplasma gondii infected rats." PLoS One (2011): e23277.

Houser, Susan. "A New Way to Save Shelter Cats." HuffPost Impact, Jan. 4, 2016. http://www.huffingtonpost.com/susan-houser/return-to-field-a-new-con_b_8911786.html (accessed Jan. 4, 2016).

Humane Society of the United States. The Outdoor Cat: Science and Policy from a Global Perspective. Marina del Rey, CA, Dec. 3-4, 2012. http://www.humanesociety.org/assets/pdfs/pets/outdoor_cat_white_paper.pdf.

International Union for Conservation of Nature and Natural Resources. The IUCN Red List of Threatened Species, vers. 2014.3. http://www.iucnredlist.org.

Izawa, M., T. Doi, and Y. Ono. "Grouping patterns of feral cats (*Felis catus*) living on a small island in Japan." Japanese Journal of Ecology 32 (1982): 373-82.

Jehl, J. R., and K. C. Parkes. "Replacements of landbird species on Socorro Islands, Mexico." The Auk 100 (1983): 551-59.

Jehl, J. R., and K. C. Parkes. "The status of the avifauna of the Revillagigedo Islands, Mexico." Wilson Bulletin 94 (1982): 1-19.

Jessup, David A. "The Welfare of feral cats and wildlife." Journal of the American Veterinary

Daniels, M. J., M. C. Golder, O. Jarrett, and D. W. MacDonald. "Feline viruses in wildcats from Scotland." Journal of Wildlife Diseases 35, 1 (1999): 121-24.

Dauphin., Nico, and Robert J. Cooper. "Impacts of Free-Ranging Domestic Cats (*Felis catus*) on Birds in the United States: A Review of Recent Research, with Conservation and Management Recommendations." Proceedings of the Fourth International Partners in Flight Conference: Tundra to Tropics, Oct. 2009, pp. 205-19. http://www.partnersinflight.org/pubs/McAllenProc/articles/PIF09Anthropogenic%20Impacts/Dauphine1PIF09.pdf.

Dawson, T. "Cat Disease Threatens Endangered Monk Seals." Scientific American, Dec. 7, 2010. http://www.scientificamerican.com/article/cat-disease-threatens-endangered-monk-seals/ (accessed Mar. 17, 2016).

Dell'Amore, Christine. "Writer's Call to Kill Feral Cats Sparks Outcry." National Geographic, Mar. 22, 2013. http://news.nationalgeographic.com/news/2013/03/130320-feral-cats-euthanize-ted-williams-audubon-science/.

Doll, J. M., P. S. Seitz, P. Ettestad, A. L. Bucholtz, T. Davis, et al. "Cat transmitted fatal pneumonic plague in a person who travelled from Colorado to Arizona." American Journal of Tropical Medicine and Hygiene 51 (1994): 109-14.

Dyer, Jessie L., Ryan Wallace, Lillian Orciari, Dillon Hightower, Pamela Yager, and Jesse D. Blanton. "Rabies surveillance in the United States during 2012." Journal of the American Veterinary Medical Association 243, no. 6 (2013): 805-15.

eMarketer. "U.S. Total Media Ad Spend Inches Up, Pushed by Digital." http://www.emarketer.com/Article/US-Total-Media-Ad-Spend-Inches-Up-Pushed-by-Digital/1010154 (accessed Sep. 24, 2015).

Filoni, C., J. L. Catão-Dias, G. Bay, E. L. Durigon, R. S. P. Jorge, H. Lutz, and R. Hofmann-Lehmann. "First evidence of feline herpesvirus, calicivirus, parvovirus, and Ehrlichia exposure in Brazilian free-ranging felids." Journal of Wildlife Diseases 42, no. 2 (2006): 470-77.

Flegr, Jaroslav. "How and why Toxoplasma makes us crazy." Trends in Parasitology 29, no. 4 (2013): 156-63.

Flegr, J., J. Prandota, M. Sovicˇková, and Z. H. Israili. "Toxoplasmosis-a global threat. Correlation of latent toxoplasmosis with specific disease burden in a set of 88 countries." PLoS One 9, 3 (Mar. 2014): e90203. doi: 10.1371/journal.pone.0090203.

Foley, Patrick, Janet E. Foley, Julie K. Levy, and Terry Paik. "Analysis of the impact of trap-neuter-return programs on populations of feral cats." Journal of the American Veterinary Medical Association 227, no. 11 (2005): 1775-81.

Fooks, A. R., A. C. Banyard, D. L. Horton, N. Johnson, L. M. McElhinney, and A. C. Jackson. "Current status of rabies and prospects for elimination." The Lancet 384, no. 9951 (2014): 1389-99.

Forbush, E. H. The Domestic Cat: Bird Killer, Mouser and Destroyer of Wild Life, Means of Utilizing and Controlling It. Boston, MA: Wright & Potter Printing Co., 1916.

Fromont, E., D. Pontier, A. Sager, F. Leger, F. Bourguemestre, E. Jouquelet, P. Stahl, and M. Artois. "Prevalence and pathogenicity of retroviruses in wildcats in France." The Veterinary Record 146, 11 (2000): 317-19.

Gage K. L., D. T. Dennis, K. A. Orloski, P. J. Ettestad, T. L. Brown, et al. "Cases of cat-associated human plague in the Western US, 1977-1998." Clinical Infectious Diseases 30 (2000): 893-900.

Galbreath, R., and D. Brown. "The tale of the lighthouse-keeper's cat: Discovery and extinction of the Stephens Island wren (*Traversia lyalli*)." Notornis 51, no. 4 (2004): 193-200.

"Cat Colony Caretakers, Episode 2," Animal Equity. https://www.youtube.com/watch?v=1-9edYnQs5U.

"Cat Colony Caretakers, Episode 3," Animal Equity. https://www.youtube.com/watch?v=mxHLAmLNvSw.

Cat House on the Kings. "What We Do." http://www.cathouseonthekings.com/whatwedo.php (accessed Oct. 12, 2015).

Catster. "75 Reasons to Love Cats." http://www.catster.com/lifestyle/75-reasons-to-love-cats.

Cats to Go website. https://garethsworld.com/catstogo/.

CBS News. "Bird Watcher on Trial for Killing Cat." Nov. 16, 2007. http://www.cbsnews.com/news/bird-watcher-on-trial-for-killing-cat/ (accessed Jul. 18, 2015).

Ceballos, G., P. R. Ehrlich, A. D. Barnosky, A. García, R. M. Pringle, and T. M. Palmer, "Accelerated modern human-induced species losses: Entering the sixth mass extinction." Science Advances 1 (2015): e1400253.

Centers for Disease Control and Prevention. "Compendium of Animal Rabies Prevention and Control." Morbidity and Mortality Weekly Report, Nov. 4, 2011 (R.R. vol. 60, no. 6): 1-18. http://www.cdc.gov/mmwr/pdf/rr/rr6006.pdf.

Centers for Disease Control and Prevention. "Parasites: Toxoplasmosis (*Toxoplasma* infection)." http://www.cdc.gov/parasites/toxoplasmosis/ (accessed Sep. 19, 2015).

Centers for Disease Control and Prevention. "Parasites: Toxoplasmosis (*Toxoplasma* infection). Biology." http://www.cdc.gov/parasites/toxoplasmosis/biology.html (accessed Sep. 19, 2015).

Centers for Disease Control and Prevention. "Rabies Surveillance in the U.S.: Domestic Animals-Rabies." http://www.cdc.gov/rabies/location/usa/surveillance/domestic_animals.html (accessed Sep. 20, 2015).

Churcher, P. B., and J. H. Lawton. "Predation by domestic cats in an English village." Journal of Zoology 212, no. 3 (1987): 439-55.

City of Houston. "About Trap-Neuter- Return Program." http://www.houstontx.gov/barc/trap_neuter_return.html (accessed Aug. 23, 2015).

Coelho, F. M., M. R. Q. Bomfim, F. de Andrade Caxito, N. A. Ribeiro, M. M. Luppi,.. A. Costa, and M. Resende. "Naturally occurring feline leukemia virus subgroup A and B infections in urban domestic cats." Journal of General Virology 89, no. 11 (2008): 2799-2805.

Coleman, J. S., and S. A. Temple. "Effects of free-ranging cats on wildlife: A progress report." Fourth Eastern Wildlife Damage Control Conference (1989).

Coleman, John S., and Stanley A. Temple. "Rural residents' free-ranging domestic cats: A survey." Wildlife Society Bulletin (1973-2006)21, no. 4 (1993): 381-90.

Cornell University College of Veterinary Medicine, Cornell Feline Health Center. "Feline Leukemia Virus." http://www.vet.cornell.edu/fhc/health_information/brochure_felv.cfm (accessed Mar. 7, 2015).

Cornwall, Warren. "There Will Be Blood." Conservation, Oct. 24, 2014. http://conservationmagazine.org/2014/10/killing-for-conservation/.

Crooks, D. R., and M. E. Soule. "Mesopredator release and avifaunal extinctions in a fragmented system." Nature 400 (1999): 563-66.

Cunningham, Mark, Brown, Shindle, Terrell, Hayes, Ferree, McBride, Blankenship, Jansen, Citino, Roelke, Kiltie, Troyer, O'Brien. "Epizootiology and Management of Feline Leukemia Virus in the Florida Puma." Journal of Wildlife Diseases 44, no. 3 (July 2008): 537-52. doi: 10.7589/0090-3558-44.3.537.

predation by feral cats." https://www.environment.gov.au/biodiversity/threatened/threat-abatement-plans/draft-feral-cats-2015 (accessed Jul. 28, 2015).
Baptista, L. F., and J. E. Martínez-Gómez. "El programa de reproducción de la Paloma de la Isla Socorro, Zenaida graysoni." Ciencia y Desarrollo 22 (1996): 30-35.
Barcott, Bruce. "Kill the Cat That Kills the Bird?" New York Times Magazine, Dec. 2, 2007. http://www.nytimes.com/2007/12/02/magazine/02cats-v--birds-t.html?r=0 (accessed Sep. 1, 2015).
Barnosky, Anthony D., Nicholas Matzke, Susumu Tomiya, Guinevere OU Wogan, Brian Swartz, Tiago B. Quental, Charles Marshall, et al. "Has the Earth's sixth mass extinction already arrived?" Nature 471, no. 7336 (2011): 51-57.
Barrows, Paul L. "Professional, ethical, and legal dilemmas of trap-neuter-release." Journal of the American Veterinary Medical Association 225 (2004): 1365-69.
Beckoff, Marc. "U.S. Army Corps of Engineers to Kill Thousands of Cormorants: There Will Be Blood." HuffPost Green. http://www.huffingtonpost.com/marc-bekoff/u-s-army-corps-of-engineers-to-kill-thousands-of-cormorants-there-will-be-blood_b_6964178.html.
Benenson, Michael W., Ernest T. Takafuji, Stanley M. Lemon, Robert L. Greenup, and Alexander J. Sulzer. "Oocyst-transmitted toxoplasmosis associated with ingestion of contaminated water." New England Journal of Medicine 307, no. 11 (1982): 666-69.
Berdoy, M., J. P. Webster, and D. W. Macdonald. "Fatal attraction in Toxoplasma-infected rats: A case of parasite manipulation of its mammalian host." In Proceedings of the Royal Society B, vol. 267 (2000): 267.
Beversdorf, Andy (dir.). Here, Kitty Kitty. Prolefeed Studios, 2007.
Blancher, P. "Estimated Number of Birds Killed by House Cats (*Felis catus*) in Canada/Estimation du nombre d'oiseaux tués par les chats domestiques (*Felis catus*) au Canada." Avian Conservation and Ecology 8.2 (2013): 3.
Blanton, J. D., D. Palmer, and C. E. Rupprecht. "Rabies surveillance in the United States during 2009." Journal of the American Veterinary Medical Association 237 (2010): 646-57.
Bonnington, C., K. J. Gaston, and K. L. Evans. "Fearing the feline: Domestic cats reduce avian fecundity through trait-mediated indirect effects that increase nest predation by other species." Journal of Applied Ecology 40 (2013): 15-24.
Bratman, Gregory N., J. Paul Hamilton, Kevin S. Hahn, Gretchen C. Daily, and James J. Gross. "Nature experience reduces rumination and subgenual prefrontal cortex activation." Proceedings of the National Academy of Sciences 112, no. 28 (2015): 8567-72.
Brattstrom, Bayard H., and Thomas R. Howell. "The Birds of the Revilla Gigedo Islands, Mexico." Condor 58, no. 2 (1956): 107-20. doi: 10.2307/1364977.
Brautigan, Richard. "The Good Work of Chickens." In The Revenge of the Lawn. New York: Simon & Schuster, 1971.
Brinkley, Douglas. The Wilderness Warrior: Theodore Roosevelt and the Crusade for America. New York: HarperCollins, 2009.
Campagnolo, E. R., L. R. Lind, J. M. Long, M. E. Moll, J. T. Rankin, K. F. Martin, M. P. Deasy, V. M. Dato, and S. M. Ostroff. "Human Exposure to Rabid Free-Ranging Cats: A Continuing Public Health Concern in Pennsylvania." Zoonoses and Public Health 61, no. 5 (2014): 346-55.
Carlson, Douglas. Roger Tory Peterson: A Biography. Austin: University of Texas Press, 2012.
"Cat Colony Caretakers, Episode 1," Animal Equity. https://www.youtube.com/watch?v=2EMBlNr4CbM.

参考文献

Abbey, Edward. "Cactus Chronicles." Orion Magazine, n.d. https://orionmagazine.org/article/cactus-chronicles/.

Adams, Prue. "Wamsley walks away from Earth Sanctuaries." Landline, Mar. 27, 2005. http://www.abc.net.au/landline/content/2005/s1330004.htm.

Adler, Peter S. Kauai Feral Cat Task Force: Final Report. Mar. 2014. http://www.accord3.com/docs/FCTF%20Report%20FINAL.pdf.

Alley Cat Allies. "Cats & The Environment Resource Center." http://www.alleycat.org/page.aspx?pid=324 (accessed Dec. 28, 2015).

Alley Cat Allies. "Smithsonian-Funded Junk Science Gets Cats Killed." http://www.alleycat.org/sslpage.aspx?pid=1443 (accessed Dec. 28, 2015).

American Bird Conservancy. "WatchList Species Account for Piping Plover." http://www.abcbirds.org/abcprograms/science/watchlist/piping_plover.html (accessed Jul. 22, 2015).

American Experience. "Surviving the Dustbowl." 2007. http://www.pbs.org/wgbh/americanexperience/features/transcript/dustbowl-transcript/.

American Museum of Natural History. "... an on-going process." http://www.amnh.org/science/biodiversity/extinction/Intro/OngoingProcess.html (accessed Apr. 19, 2015).

American Pet Products Association National Pet Owners Survey 2011-2012. Greenwich, CT: American Pet Products Manufacturers Association, Inc., 2011.

American Society for the Prevention of Cruelty to Animals. "Shelter Intake and Surrender." https://www.aspca.org/animal-homelessness/shelter-intake-and-surrender (accessed Jul. 12, 2015).

American Veterinary Medical Association. "AVMA Model Rabies Control Ordinance." https://www.avma.org/KB/Policies/Documents/avma-model-rabies-ordinance.pdf (accessed Sep. 20, 2015).

American Veterinary Medical Association Pet Ownership and Demographics Sourcebook, 2nd ed. Schaumburg, IL: American Veterinary Medical Association, 2007.

Angier, N. "That Cuddly Kitty Is Deadlier Than You Think." New York Times, Jan. 29, 2013. http://www.nytimes.com/2013/01/30/science/that-cuddly-kitty-of-yours-is-a-killer.html.

"Animal Equity-YouTube." https://www.youtube.com/user/animalequity.

Animal Legal Defense Fund. "Animal Protection Laws of Texas." In Animal Protection Laws of the USA and Canada. 8th ed. 2013. http://aldf.org/wp-content/themes/aldf/compendium-map/us/2013/TEXAS.pdf.

Aramini, J. J., C. Stephen, J. P. Dubey, C. Engelstoft, H. Schwantje, and C. S. Ribble. "Potential contamination of drinking water with Toxoplasma gondii oocysts." Epidemiology and Infection 122, no. 2 (1999): 305-15.

Australian Government. Department of the Environment. "Draft: Threat abatement plan for

【や行】

【ら行】

【わ行】

【か行】

索引

roaming cat activity following a regulation prohibiting feeding：A case study at a mountain forest near residential area in Amami City on Amami-Oshima Island, Japan 野生生物と社会 2016, 3：1-14. 島嶼生態系保全を目的としたイエネコ管理のための条例に対する住民の意識―「奄美市飼い猫条例」施行後のアンケート調査結果からみえる課題. 森林野生動物研究会誌 2018, 43：1-11.

石井信夫（いしい・のぶお）

東京生まれ。自然環境研究センター研究員を経て東京女子大学現代教養学部教授。農学博士（東京大学）。専門は哺乳類の生態と保全。マングースやアライグマなど多くの外来哺乳類管理事業に参画してきた。

著書（分担執筆）に『日本の哺乳類（改訂2版）』（東海大学出版会）、『レッドデータブック 2014　1　哺乳類　日本の絶滅のおそれのある野生生物』（ぎょうせい）、『魚たちとワシントン条約　マグロ・サメからナマコ・深海サンゴまで』（文一総合出版）などがある。

外来ネコ問題研究会（Invasive Cat Research Japan）

わが国における野生化イエネコによる野生生物や生態系への被害は、特に島嶼において顕在化しており、より多くの国民にこの問題の重大性と対策の緊急性を訴え問題解決に取り組むため、2016年に結成された。生態学者、法学者、獣医師などの専門家で構成される。行政と連携しながら、ネコ問題の現状の調査や解決策を検討し、一般社会への普及啓発、国や自治体に対する政策の提言や支援を行っている。

URL：https://invasivecatresearchjapan.blogspot.com/

【著者紹介】

ピーター・P・マラ（Peter P. Marra）

鳥類学者。アメリカ・スミソニアン動物園・保全生物学研究所の渡り鳥研究センター所長を務める。これまでに175編以上の多数の研究論文や書籍を刊行。共著書に『Birds of Two Worlds（2つの世界の鳥類）』がある。

クリス・サンテラ（Chris Santella）

サイエンスライター。旅行やアウトドアのガイドブックシリーズ（『Fifty Places Before You Die（死ぬ前に訪れるべき50か所）』）のほか、ニューヨークタイムズ紙、ウォールストリート・ジャーナル紙、ニューヨーカー誌、トラウト誌などでも執筆している。

【訳者紹介】

岡 奈理子（おか・なりこ）

公益財団法人山階鳥類研究所フェロー。水産学博士（北海道大学）。専門は鳥類学で、80編の科学論文の9割が海鳥の生態研究と保全である。近年、海鳥繁殖島へのネコの影響評価が加わった。著書（分担執筆）に『保全鳥類学』（京都大学学術出版会）、『鳥と人間　われら地球家族』（NHK出版）、『鳥類学辞典』（昭和堂）、『野生動物保護の事典』（朝倉書店）、『御蔵島島史』（ぎょうせい）、『海のプロフェッショナル2　楽しい海の世界への扉』（東海大学出版会）など。共訳書に『鳥の絶滅危惧種図鑑』（緑書房）、『鳥類学』（新樹社）、『オーシャンバード　海鳥の世界』（旺文社）がある。

山田文雄（やまだ・ふみお）

国立研究開発法人森林総合研究所非常勤研究員。研究調整官や上席研究員を経て退職。現在も長年取り組んできた琉球諸島の生態系保全研究などの活動を続ける。専門は哺乳類保全生態学。農学博士（九州大学）。

著書に『日本の外来哺乳類　管理戦略と生態系保全』（東京大学出版会、共編著）、『ウサギ学　隠れることと逃げることの生物学』（東京大学出版会）、『森林と野生動物』（共立出版、分担執筆）など。論文では希少哺乳類や外来哺乳類などに関して多数。

塩野﨑和美（しおのさき・かずみ）

京都大学大学院地球環境学舎博士後期課程修了。博士（環境学）。奄美野生動物研究所研究員。専門は野生生物管理学（特に外来哺乳類）。

著書に『奄美群島の自然史学　亜熱帯島嶼の生物多様性』（東海大学出版部、分担執筆）。主な論文はFeral cat diet and predation on endangered endemic mammals on biodiversity hot spot（Amami-Ohshima Island, Japan）, Wildlife Research 2015, 42：343-352. Change in free-

ネコ・かわいい殺し屋
生態系への影響を科学する

2019年4月22日　初版発行
2019年7月10日　2刷発行

著者　ピーター・P・マラ＋クリス・サンテラ
訳者　岡 奈理子＋山田文雄＋塩野﨑和美＋石井信夫
発行者　土井二郎
発行所　築地書館株式会社
〒104-0045 東京都中央区築地7-4-4-201
TEL.03-3542-3731　FAX.03-3541-5799
http://www.tsukiji-shokan.co.jp/
振替 00110-5-19057
印刷・製本　シナノ印刷株式会社
装丁　秋山香代子

ⓒ 2019 Printed in Japan　ISBN978-4-8067-1580-1